Anhang

zu

Mitteilungen der Geographischen Gesellschaft in Hamburg

Band XXIX

Inhalt

Sitzungsberichte vom 2. Oktober 1913 bis 4. März 1915
Abrechnung für 1913 und 1914
Mitglieder-Verzeichnis für 1. Januar 1915

HAMRURG
L. Friederichsen & Co.
(Inhaber: Dr. L. u. R. Friederichsen)
1915

Anhang

zu

Mitteilungen der Geographischen Gesellschaft in Hamburg

Band XXIX

Inhalt

Sitzungsberichte vom 2. Oktober 1913 bis 4. März 1915
Abrechnung für 1913 und 1914
Mitglieder-Verzeichnis für 1. Januar 1915

HAMRURG

L. Friederichsen & Co.

(Inhaber: Dr. L. u. R. Friederichsen)

1915

Sitzungsberichte.

362. Sitzung. 2. Oktober 1913.

Vorsitzender: Senator Westphal.

Der Vorsitzende teilt mit, daß das Vorstandsmitglied Prof. P. Schlee einen 7monatigen Urlaub zum Zwecke vulkanologischer und wirtschaftsgeographischer Studien in Vorder- und Hinterindien angetreten hat.

Derselbe gibt ferner bekannt, daß die Kgl. Niederländische Geographische Gesellschaft in Amsterdam zur Feier ihres 40jährigen Bestehens im Amsterdamer städtischen Museum während des Oktober eine Ausstellung veranstaltet hat, die zeigt, was in den verflossenen 50 Jahren für die Entwicklung der Niederlande und seiner Kolonien auf dem Gebiete der Geographie geleistet worden ist, und daß die Amsterdamer Gesellschaft zum Besuch der Ausstellung einladet.

Alsdann gedenkt der Vorsitzende der während der Ferien verstorbenen, um die geographische Wissenschaft verdienten Männer: Am 14. Juni verstarb im 77. Lebensjahre Herr Kapitän Paul Friedr. Aug. Hegemann, einer der regelmäßigsten Besucher unserer Versammlungen. Es ist ihm noch vergönnt gewesen, seine Lebenserinnerungen niederzuschreiben und sie in einem als Manuskript gedruckten Band Freunden am Anfang dieses Jahres zu verehren. In unser aller Erinnerung lebt die zweite deutsche Nordpolfahrt der Schiffe Germania unter Führung Koldeweys und der Hansa unter Führung Hegemanns (1869—70), welch letzteres Schiff wegen starker Eispressung verlassen werden mußte und dessen Besatzung unter großen Entbehrungen und Leiden nach einer 237tägigen Eisschollen-Trift an der Südspitze Grönlands geborgen werden konnte. Von 1875 bis 1900 war Hegemann Mitarbeiter der Deutschen Seewarte; er trat dann in den Ruhestand. — Am 15. September ist im Alter von 81 Jahren der durch seine mittelasiatischen Reisen (1861—64) bekannte Begründer und Ehrenpräsident der Ungarischen Geographischen Gesellschaft, Prof. Dr. Arminius Vambéry in Budapest aus dem Leben geschieden. — Am 29. Mai verstarb im 72. Lebensjahre der bis vor kurzem an der Universität Erlangen als Professor für Geographie tätig gewesene Dr. Eduard Pechuel-Lösche. Seine 400 Blätter umfassende Aquarell-Sammlung mit Motiven aus allen Weltteilen ist teils durch Kauf, teils durch Schenkung in den Besitz des Geographischen Seminars des Hamburgischen Kolonialinstituts übergegangen. — Im Juli verstarb der Direktor der Kgl. Sächsischen Geologischen Landesanstalt und Professor für Geologie und Paläontologie an der Universität Leipzig, Dr. Hermann Credner, 72 Jahre alt. Er zählte zu den größten Autoritäten seines Fachs. — Am 13. März ist nach mehr als 60jährigem Aufenthalt in England in seiner Heimat, im Luftkurort Hofheim im Taunus, der 79jährige Kartograph Dr. Ernst Georg Ravenstein aus dem Leben geschieden. Ravenstein gehörte seit vielen Jahren zu den hervorragendsten Trägern des geographischen Lebens in England. In London hatte er 1852 als erster Schüler von Dr. August Petermann seine geographische Laufbahn begonnen. Unter seinen zahlreichen kartographischen und literarischen Arbeiten sei hier nur seiner 1882 bis 1885 von der Royal Geographical Society in London herausgegebenen 25 blättrigen Karte von Ost-Äquatorial-Afrika im Maßstabe von 1 : 1000000 und seines letzten, 1908 erschienenen monumentalen Werkes „Martin Behaim, his Life and his Globe“ Erwähnung getan.

Sodann erinnert der Vorsitzende daran, daß am 23. Oktober 100 Jahre verflossen sein werden, seit der große Australische Entdeckungsreisende Dr. Ludwig Leichhardt in Trebatsch in der Mark Brandenburg das Licht der Welt erblickte. Unser unvergeßlicher Georg von Neumayer sei Jahrzehnte lang tätig gewesen, das Schicksal der 1884 im Innern Australiens verschollenen zweiten Leichhardtschen Expedition aufzuklären und die Verdienste Leichhardts bekanntzugeben. Die Hamburger Geographische Gesellschaft habe Neumayers Bemühungen durch Veröffentlichung von „Dr. Ludwig Leichhardts Briefe an seine Angehörigen“ mit einem Anhang „Dr. L. Leichhardt als Naturforscher und Entdeckungsreisender von Dr. G. Neumayer“ im Jahre 1881 unterstützt und dem Verschollenen dadurch ein bleibendes und ehrendes Denkmal gesetzt.

Dann hält Oberlehrer Dr. R. Lütgens (Hamburg) einen Vortrag über

Land, Leute, Reisen in der Republik Haiti.

Der Vortragende, der mit Unterstützung der Hamburgischen Geographischen Gesellschaft im Winter 1912/13 Haiti bereist hat, stellt die Betrachtung dreier Fragen, die sich auf je ein geologisches, wirtschaftsgeographisches und kulturelles Problem beziehen, in den Vordergrund. Zunächst geht er auf die Sueßsche Anschauung ein, nach der Mittelamerika und Westindien die Reste eines zerstückkelten, älteren Gebirgsbogens vorstellen. Von diesem kann man drei Zonen unterscheiden, eine mittlere altkristalline, eine junge Außenzone und eine vulkanische Innenzone, die aber nur den östlichen Teil, die kleinen Antillen umfaßt, und von der der Mont Pelée auf Martinique der bekannteste Vulkan ist. Daß auch auf den großen Antillen, zum mindesten in der der Jetztzeit vorausgegangenen Tertiärzeit, Vulkane tätig waren, wußte man nicht, bestritt es sogar. Dann brachte aber Ludwig einige jungvulkanische Gesteine von Haiti, und der Ingenieur Tippenhauer in Port au Prince fand größere vulkanische Massen an verschiedenen Stellen. Die wichtigste Entdeckung brachte aber eine Reise, die der Vortragende und Tippenhauer in die bisher wissenschaftlich unbekannte Nordwesthalbinsel ausführten, nachdem sie vorher noch die Eisen- und Kupferminen von Terreneuve besucht hatten.

Das ganze südliche und westliche Küstengebiet der Halbinsel und ein breiter Streifen gegen Terreneuve-Gonaives ist Salzsteppe mit Kakteen und Dornakazien. Das Gebirge durchzieht die Halbinsel nicht in der Richtung derselben, also von Ost nach West, sondern besteht aus mehreren Zügen, die südost-nordwestlich streichen. Den Abschluß bildet dann das fruchtbare und gut besiedelte Hochplateau von Bombardopolis, das besonders auch reiche Mahagonibestände enthält. Hier hat übrigens früher im 18. Jahrhundert eine deutsch-schweizerische Kolonie bestanden. Noch jetzt deuten Namen wie Frey, Hann, Raunegg unter den Negern darauf hin.

Von Bombardopolis führte die Reise an die Südwestecke der Halbinsel, und hier konnten nun die Reste eines alten großen Vulkans festgestellt und untersucht werden. Er ist zum Teil unterseeisch, von der zweiten Hälfte des Tertiär bis zum Beginn der geologischen Gegenwart tätig gewesen. Wohlerhaltene Aschen- und Lavenlagen wechseln mit Korallenkalken. Durch bis zur Gegenwart überall in Haiti erfolgende Hebungen wurde die eine gut erhaltene Hälfte des Vulkans mit den darauf lagernden jüngsten Korallenkalken fast 600 Meter gehoben; die andere Hälfte blieb in der Tiefe. Der Kraterdurchmesser des erhaltenen Teiles beträgt fast 3 Kilometer. Weiter wurde Mole St. Nicolas, eine starke Festung der Engländer und Franzosen im 18. Jahrhundert, aufgesucht und schließlich quer über das Gebirge zurückgekehrt.

Eine Reihe von Lichtbildern, darunter farbige Lumièreaufnahmen des Vortragenden, gaben dann einen Eindruck auch von den übrigen Teilen des Landes und leiteten über zu dem zweiten Teil: Wie sind die natürlichen geographischen Verhältnisse in Haiti? Wieder zum Teil an der Hand von Reisen, wie in das La Selle-Hochgebirge, werden Oberflächengestaltung, Boden und Klima geschildert und das Land in orographisch-klimatische Gebiete geteilt. Weiter wird die Pflanzenwelt im allgemeinen, und im besonderen in den verschiedenen Gebieten besprochen, die Tierwelt erwähnt, woraus sich schließlich die geographische Verteilung der Produktion als des weltwirtschaftlich wichtigsten Faktors ergibt. Die Leistungsfähigkeit des von der Natur gut ausgestatteten Landes kann so erkannt werden.

Mit der Bevölkerung beschäftigt sich der letzte Teil des Vortrages. Die dichte Urbevölkerung war nach der Entdeckung durch die Spanier in wenigen Jahrzehnten vernichtet worden, vielfach in der grausamsten Weise. Die Spanier vernachlässigten dann das Land, so daß sich erst Seeräuber und schließlich die Franzosen in West-Haiti festsetzen und um 1690 eine Kolonie gründen konnten. Sie wandten sich dem Plantagenbau von Zucker, später auch von Kaffee und Indigo zu, führten zur Arbeit in großer Zahl Negersklaven ein und brachten so ihre Kolonie zu hoher Blüte. Der größte Teil des Kaffees auf dem Weltmarkt kam von Haiti, über 300 Millionen Mark war die jährliche Ausfuhr wert, und der Satz: „Reich wie ein Kreole“ bezog sich auf die Plantagenkönige Haitis.

Napoleon aber konnte, obwohl er, die Bedeutung der Kolonie erkennend, einmal 12 000 Mann sandte, Haiti nicht halten. Es erfolgten die Negeraufstände und die Unabhängigmachung. Bald Kaiserreich, bald Republik, mit interessanter Geschichte, in der oft der Humor nicht fehlt, hat es seither die Unabhängigkeit zu wahren gewußt.

Eine Eroberung ist auch ausgeschlossen wegen der absoluten Straßenlosigkeit des Landes. Erst neuerdings gehen die Nordamerikaner mit größeren Bahnbauten vor. Wenn sie vollendet sind, werden sie wohl wie schon jetzt in Domingo ein Wort mitreden. Zurzeit liegt aber noch alles danieder. Die alten Kulturen werden zerstört, die Bewässerungsanlagen vernichtet, was neues, von Fremden natürlich, geschaffen wurde, war bald wieder in traurigem Zustand. So ergibt sich aus den heutigen Verhältnissen nur die Tatsache, daß die Bewohner des reichen und schönen Landes sich nicht als fähig erwiesen haben, die Schätze, die die Natur ihnen darbot, zu verwerten.

Im Anschluß an den Vortrag wurde der Geologe und Ingenieur L. G. Tippenhauer in Port au Prince auf Antrag des Vorstandes wegen seiner Verdienste um die geographische Erforschung Haitis im allgemeinen und um die glückliche Durchführung der Lütgensschen Studienreise im speziellen zum korrespondierenden Mitglied der Gesellschaft erwählt.

Darauf berichtet Dr. H. Michow in einem längeren Vortrage über einen

Besuch Ostias

an der Mündung des Tiber im Anschluß an den diesjährigen Internationalen Geographenkongreß in Rom. Die Exkursion war vortrefflich arrangiert und wurde von Prof. Dante Vaglieri geführt, der seit vier Jahren die Ausgrabungen in Ostia leitet. Vaglieri führte selber die deutsche Gruppe der 150 Teilnehmer. Nach kurzer Einführung in die Situation des fraglichen Gebietes, legt der Redner die Intentionen Vaglieris dar, nämlich 1. alles bisher Gefundene zu konservieren, 2. aus diesem und dem Neuhinzukommenden ein zusammenhängendes Bild von Ostia zu entwerfen. Vaglieri begann damit, die ältesten Baureste in der Tiefe aufzudecken und die darüber angebrachten späteren Bauten vorzuführen. Erstere stammen aus der republikanischen Zeit, letztere aus der Kaiserzeit des Römischen Reiches. Hadrian gilt als zweiter Gründer der Stadt. Er und andere Kaiser haben dem verfallenden Ostia aufgeholfen und es mit marmornem Bauwerk geschmückt, wo früher nur Backsteinbau zu sehen war; auch die zum Teil herrlich erhaltenen Mosaikböden stammen aus Hadrians Zeit. — Von der Hauptstraße aus ging Vaglieri in seinen Ausgrabungen über zu den Hauptgeschäftsteilen der Stadt, wo das Forum, das Theater, die Kasernen der Feuerwehr und großartige Thermen und Tempelanlagen einen gemeinsamen Komplex bilden. Da Ostia ein Hafenplatz war, so mußte das kaufmännische Element besonders zur Geltung kommen; das zeigen die sogenannten scholae, die in einem Rundgang das Theater umschließen, eine Art offener Börse, wo die verschiedenen Gilden der Seefahrer, nach Nationen geordnet, ihre Kontore hatten und ihren Seeberuf durch Reklameschilder ankündigten, die in Mosaikbildern ihren Kontoren auf dem Straßenniveau vorgelagert waren. Von besonderem Interesse waren die schon früher erschlossenen großartigen Dockanlagen, Korn- und Ölmagazine, die alle dem Tiberflusse nahe liegen, aber mit den Aufdeckungen Vaglieris noch nicht zusammenhängen. Alles in allem zeigt, daß wir es in Ostia mit einem großartigen Emporium zu tun haben, das aber erst zum zehnten Teil aufgedeckt ist. Großartige Häuserkomplexe, gleich heutigen Mietskasernen, sind schon erschlossen. In Ostia strömten alle Reichtümer der Welt zusammen sowie Repräsentanten der verschiedenen Völker Nordafrikas, Ägyptens, Syriens, Kleinasiens, Griechenlands und Italiens. Das furchtbare Gespenst, die Malaria, die Ostia jahrhundertelang unbewohnbar machte, weicht jetzt den hygienischen Maßregeln der Regierung, aber die Hauptursache der unrationellen Bewirtschaftung des Bodens, das Latifundienwesen, wird vorläufig bleiben, denn die ewige Weide auf der Campagna erscheint den Besitzern als die bequemste Art, aus dem Boden Geld zu ziehen. Trotzdem geht man mit dem Plane um, Rom wie andere Weltmittelpunkte zur Seestadt zu machen, wozu auch schon Pläne vorliegen; dann würde eine Hafenstadt Neu-Ostia an anderer Stelle den Eingang zu Rom bilden.

363. Sitzung. 6. November 1913.

Vorsitzender: Senator Westphal.

Der Vorsitzende begrüßt die beiden Redner des Abends, die Herren Dr. de Quervain aus Zürich und Dr. Alfred Wegener aus Marburg a. d. L. Er erinnert an die früheren Durchquerungen des gewaltigen Inlandeises von Grönland, der größten Insel der Welt. Da Nansen auf seiner berühmten Schneeschuhreise 1888 sich verhältnismäßig weit im Süden gehalten hatte, Pearys Durchquerungen aber ganz im Norden stattgehabt hatten, so blieb der größte Teil Grönlands bisher völlig unbekannt. Um ihn zu untersuchen, wurden nun 1912 und 1913 die beiden Expeditionen von Dr. de Quervain und von dem dänischen Hauptmann Koch, den Dr. Wegener begleitete, unternommen.

Dr. de Quervain ergreift dann das Wort zu dem durch zahlreiche farbige Lichtbilder erläuterten Vortrag:

Die Durchquerung von Grönland und die schweizerische Grönlandexpedition von 1912—13.

Die bekannte bisher einzige Durchquerung Südgrönlands durch Nansen 1888 hatte keine Ergebnisse gehabt, die in Bezug auf das 1500 km weit nach Norden sich erstreckende noch unbekannte Innere zu einer neuen Durchquerung anregten. Dr. A. de Quervain, der Leiter der schweizerischen Expedition, hat mit drei Begleitern im Sommer 1912 Mittelgrönland, 500 km nördlich von Nansens Route, zwischen Diskobai und Angmagsalik von West nach Ost auf eine

Breite von 700 km durchquert. Die bisherigen Durchquerungen waren alle in umgekehrter Richtung erfolgt. Jetzt wurde zum ersten Mal von der bewohnten Westküste ausgegangen und der fast unbesiedelten eisbesetzten Ostküste zugestrebt. Zum Ziehen der Schlitten dienten Eskimohunde, die sich trefflich bewährten und von denen der Redner manchen rührenden Zug erzählte. Nachdem einige Wochen zur Erlernung der Handhabung von Kajak und Schlitten und der Ausbesserung der Gebrauchsgegenstände verbracht worden waren, erfolgte die schwierige Ersteigung des Inlandeises über die eisfreien Bergteile, da die Gletscherabbrüche selbst unbetretbar sind. Die Schlitten konnten noch nicht benutzt werden, und so mußten die Forscher in mühseliger Arbeit, gepeinigt von tausenden Stechmücken, ihre ganze Ausrüstung in wiederholten Märschen selbst bis zum Eis schleppen. Die eigentliche Durchquerung erfolgte dann in 41 Tagen. Selbst bei Schneestürmen und sehr niedrigen Temperaturen wurden nur die gewöhnlichen Rasten gemacht. Denn Ende August ist die einzige Möglichkeit — und auch die nicht in jedem Jahr — von der Ostküste aus die Heimat zu erreichen. Der Abstieg vom Eis war wieder schwer. Anfangs konnte auch das Depot nicht gefunden werden, dann aber traf man jagende Eskimos, die nun im Triumpf die Forscher nach Angmagsalik brachten. Die wissenschaftlichen Ergebnisse waren reich. Die bisherigen Vorstellungen über die Topographie des Inlandeises erwiesen sich demnach als zu schematisch. Die Kontinuität der Eisbedeckung wurde allerdings bestätigt, trotz der anderthalb Mal größeren Länge des Profils blieb die größte Aufwölbung des Inlandeises (mit 2505 Meter) um 200 Meter hinter der von Nansen gefundenen zurück, der Höhepunkt war stark nach Osten gerückt. Aus den Horizontaufnahmen läßt sich schließen, daß aber weiter nach Norden das Inlandeis wieder ansteigt, woraus de Quervain auf mehrere Vereisungszentren schließt, was auch durch die dänische Durchquerung im Norden neuerdings bestätigt wird. Die Itinerare von Peary 1886 und Nordenskjölds Lappen 1883 wurden wesentlich korrigiert; in meteorologischer Hinsicht wurde eine typische Antizyklone auch im Sommer festgestellt. Bei den rassereinen Eskimos der Ostküste konnten wertvolle anthropologische Sammlungen gemacht werden.

Eine zweite Gruppe dieser Expedition unter Leitung von Prof. Mercanton führte den Sommer über wertvolle glaziologische Messungen an den Eisströmen des westlichen Inlandeises aus. Daran anschließend wurde von der Überwinterungsgruppe, bestehend aus Dr. Stolberg und Jost, unter 70 Grad Nord-Breite eine Serie aerologischer Messungen parallel mit Stationen auf Island und Spitzbergen bis in den Sommer 1913 hinein durchgeführt, wobei besonders die umfassende Pilotballonserie wesentlich neue Resultate über die Zirkulation höherer Breiten ergaben und namentlich die Existenz eines einheitlichen Polarwirbels stark in Frage gestellt hat.

Dann berichtet Dr. Wegener, gleichfalls an der Hand zahlreicher Lichtbilder, über die unter Leitung des Hauptmanns Koch ausgeführte

Dänische Expedition über das Inlandeis Nordgrönlands 1912—13.

Die Durchquerung fand von Ost nach West auf einer rund 1200 km langen Route statt. Da die nördliche Ostküste ganz unbewohnt ist, mußte die Expedition schon im Sommer 1912 im Dänemarkhafen an Land gesetzt werden. Mit Hilfe eines Motorbootes und eines Leichters gelang es, das Gepäck im Gewichte von 20 000 kg in den inneren Borgfjord zu bringen. Die isländischen Pferde, die als Zugtiere verwendet wurden, und die sich auch sehr bewährten, brachte Wegener von Dänemarkhafen über Land in den Borgfjord. Vom 20. bis 29. September wurde das Gepäck über eine Eisschlucht auf den Gletscher transportiert. Dann aber trat ein Ereignis ein, durch das nur wie ein Wunder die ganze Expedition nicht vernichtet wurde. In der Nacht zum 30. September kalbte der Gletscher. Ein etwa einen halben Kilometer langer Streifen auf jeder Seite der Schlucht, in welcher die ganze Expedition mit Pferden und Gepäck lag, stürzte in den Fjord. Aber weder Mensch noch Tier kamen zu Schaden und auch das Gepäck konnte wieder aus den Spalten geholt werden, nachdem das Eis zur Ruhe gekommen war.

Weiter oberhalb wurde dann ein Überwinterungshaus errichtet, und bis auf einen Unglücksfall, bei dem Hauptmann Koch ein Bein brach, gut überwintert. Nach verschiedenen Vorexpeditionen verließen dann die Forscher am 20. April endgültig Borg mit fünf Schlitten und fünf Pferden. Da das nördliche Zentralgrönland 2500 bis 3000 Meter hoch ist und oft tagelang Schneestürme herrschten, so litt die Expedition sehr unter den Anstrengungen, mußte sie doch einmal 12 Tage im Schneesturm stilliegen. Trotzdem gelang es bis zum 4. Juli die Westküste zu erreichen. Nun aber wurde das Wetter derart, daß ein Weiterkommen der von Hunger, Kälte und Nässe fast erschöpften Forscher kaum möglich war. Das letzte Pferd war noch auf dem Eis getötet worden, jetzt mußte auch der letzte Hund geschlachtet werden. Erst am 15. Juli traf man ein Boot und konnte damit die Kolonie Pröven erreichen, von wo die Heimreise nach Europa angetreten wurde.

364. Sitzung. 4. Dezember 1913.

Vorsitzender: Dr. W. Oehrens.

Der Vorsitzende widmet dem am 28. Oktober im 52. Lebensjahr verstorbenen Direktor der öffentlichen Jugendfürsorge Dr. Joh. A. Petersen ehrende Worte des Gedächtnisses. Der leider im besten Mannesalter dahingeschiedene vortreffliche Mensch und Gelehrte hat neben seiner ausgedehnten amtlichen Tätigkeit Muße zu zahlreichen wissenschaftlichen Arbeiten auf dem Gebiete der Naturwissenschaften gefunden. In den Mitteilungen der Hamburger Geographischen Gesellschaft sind folgende Arbeiten von ihm veröffentlicht worden: 1. Die Reisen des „Jason" und der „Hertha" in das Antarktische Meer 1893—94 und die wissenschaftlichen Ergebnisse dieser Reisen (Mitt. 1895 und 1896). — 2. Geschiebestudien. Beiträge zur Kenntnis der Bewegungsrichtungen des diluvialen Inlandeises (Mitt. XV u. XVI, 1899 u. 1900). — 3. Ergebnisse der petrographischen Untersuchung der im Zentralen Tiën-schan u. Dsungarischen Ala-tau während der Saposchnikow'schen Expedition im Sommer 1902 von Dr. Max Friederichsen gesammelten kristallinen Gesteine (Mitt. XX, 1904). — 4. Carl Christian Gottsche (Mitt. XXIV, 1909).

Sodann hält der Assistent am Mineralogisch-Geologischen Institut in Hamburg, Dr. E. Horn, den angekündigten Lichtbildervortrag über Geologische Probleme der Meere auf Grund eigener Studien im Stillen Ozean. Der Vortragende hat mit Erlaubnis des Reichsmarineamts im Sommer des vorigen Jahres an der Reise des Marine-Vermessungsschiffes „Planet" von Tsingtau nach der Südsee teilgenommen, bei welcher östlich von den Philippinen die größte bekannte Meerestiefe von 9788 Metern gelotet wurde. Nach einleitenden Bemerkungen über die Reiseroute und den Zweck der Vermessungsreise des „Planet" wurde an der Hand von Lichtbildern die Natur und Verbreitung der verschiedenen Meeresablagerungen besprochen. Die Verbreitung der Meeressedimente hängt von mannigfaltigen und leicht veränderlichen Bedingungen ab. Die Veränderungen, seien es jährliche periodisch schwankende oder andere nicht periodische, verursachen die Schichtung, welche eine allgemeine Erscheinung der Ablagerungen früherer geologischer Zeiten ist.

Für die durch jahreszeitliche Einflüsse verursachte Schichtung werden katastrophale Ereignisse, wie die Verlegung des Flußbettes und der Mündung des Hoang-ho im Jahre 1854 und Ausbrüche von Vulkanen angesehen, welche eine als Jahresmarke zu betrachtende Schicht hinterlassen. — Darauf geht der Vortragende zu einer Besprechung des Bodenreliefs der Meere und seiner Beziehungen zu den Küsten über. Die Küsten des Pazifischen Ozeans sind nach ihrem geologischen Bau grundverschieden von den Küsten des Atlantischen. Man spricht daher von einem pazifischen und einem atlantischen Küstentypus. Ersterer ist gekennzeichnet durch Gebirgs- und Inselketten, welche der Küste parallel verlaufen, letzterer durch den Abbruchrand von ausgedehnten Tafelländern. Der pazifische Küstentypus hängt auf das engste zusammen mit den Tiefseegräben, jenen auffälligsten und interessantesten Erscheinungen im Bodenrelief der Ozeane. Diese sind daher hauptsächlich im Pazifischen Ozean verbreitet und nur dort, wo der pazifische Küstentypus mit den Inselbögen der Antillen und der Sunda-Inseln auf den Atlantischen resp. Indischen Ozean übergreift, finden sich auch außerhalb des Pazifischen Ozeans Tiefseegräben. An der Hand einer Anzahl von Karten und Profilen wird die geographische Verbreitung und die Form der Tiefseegräben und ihre Beziehungen zu den pazifischen Gebirgs- und Inselketten im einzelnen erläutert. Nach einem Vergleich des geologischen Baus der pazifischen Inselbögen mit demjenigen der jungen Faltengebirge vom Alpentypus, welche Südeuropa und Asien von Gibraltar bis zum Himalaya durchziehen, kommt der Vortragende zu dem Schluß, daß die alpinen Hochgebirge im Laufe ihrer Entstehung ein Stadium durchgemacht haben, das den pazifischen Inselbögen mit vorgelagertem Tiefseegraben entspricht, und er nimmt an, daß sich in der geologischen Gegenwart und Zukunft an den Rändern des Pazifischen Ozeans die Entstehung von neuen Faltengebirgen vollzieht, eine Annahme, welche durch die allenthalben an den pazifischen Küsten nachgewiesenen ganz außergewöhnlich großen Niveauänderungen und durch die häufigen gewaltigen Erdbeben gestützt wird.

Im Anschluß an den Vortrag des Dr. Horn erläutert darauf Prof. Dr. Schott ein neuestes und sehr überraschendes Ergebnis exakter Temperaturmessungen in größten Meerestiefen. In den fast 10 Kilometer erreichenden Tiefseegräben fand man im Niveau der umgebenden Tiefsee die niedrigste Temperatur, dann aber eine Zunahme bis zum Meeresgrund. Versuche, diese Temperaturzunahme durch Wärmeleitung vom Erdinnern aus zu erklären, scheitern besonders auch an dem gleichmäßigen Salzgehalt der tiefsten Einsenkungen. Es bleibt daher nur die Annahme, daß das Wasser aus dem höheren Tiefseeniveau in diese Senken hinabgeflossen ist und sich dabei rein dynamisch erwärmt hat, ein Vorgang, der völlig der inneren Erwärmung absteigender Luftmassen gleicht, wie er z. B. beim Föhn in den Alpen eintritt.

365. Sitzung. 8. Januar 1914.

Vorsitzender: Senator Westphal.

Der Vorsitzende teilt zunächst mit, daß das um die Förderung naturwissenschaftlicher Bestrebungen in Hamburg so sehr verdiente Mitglied Dr. phil. h. c. Hermann Strebel am 1. Januar seinen 80. Geburtstag gefeiert hat und vom Vorstande unter gleichzeitiger Übersendung eines Blumenschmuckes beglückwünscht worden ist. Auch wird der Ehrung Erwähnung getan, die Dr. Strebel vom Hamburgischen Senat durch die Ernennung zum Professor zu Teil geworden ist. Alsdann gibt der Vorsitzende bekannt, daß das Vorstandsmitglied Prof. Dr. Passarge einen sechsmonatigen Urlaub angetreten hat, um in Gemeinschaft mit Prof. Meinardus aus Münster in der Libyschen Wüste geomorphologischen Studien obzuliegen.

Sodann hält Oberlehrer Dr. F. Maywald aus Oppeln den von zahlreichen Lichtbildern begleiteten Vortrag:

Die Deutsche Sanga-Dschua-Expedition.

Zur Festlegung der Grenzen des von den Franzosen abgetretenen Gebietes Neukamerun war der ganze Grenzabschnitt in zwei Hauptteile geteilt worden, einem Süd- und einem Ostabschnitt. Jeder von diesen wurde zur möglichst schnellen Erledigung der Vermessung abermals in zwei Teile geteilt, der Südabschnitt in den Teil Monda - Dschua und Sanga - Dschua. Die Sanga - Dschua - Grenzexpedition bestand aus 3 technischen Vermessungsmitgliedern, 2 Unteroffizieren, 30 schwarzen Soldaten und 150—250 Trägern, Träger- und Soldatenweibern. Als Treffpunkt mit der entsprechenden französischen Kommission war Wesso am Sanga, etwas südlich vom Zusammanfluß des Sanga und Dschua, ausersehen. Am 3. Dezember 1912 begannen die Arbeiten, die in der Vermessung der 9 km langen, französisch bleibenden Uferstrecke des Sanga bei Wesso, der 29 km langen Strecke vom Sanga zum Kandeko, der 210 km langen Strecke vom Sanga zum Dschua und schließlich in der Aufnahme des Kandeko bestanden. Die Arbeiten dauerten bis

Ende Mai 1913. Das der Sanga-Dschua-Grenzexpedition zugewiesene Gebiet ist geographisch in zwei Hauptteile zu gliedern. Der westliche gehört durch den in den Iwindo mündenden Dschua zum Ogowesystem, während der östliche durch die großen Ströme Dscha, Sanga. Likuala Mossaka und ihre Nebenflüsse zu der großen innerafrikanischen Mulde des Kongobeckens gehören. Beide Gebiete sind außerordentlich scharf voneinander geschieden durch einen in der Gegend der deutsch-französischen Grenze genau meridional verlaufenden Steilrand von 100 bis 200 Meter Höhe, der Dschuastufe. Das ganze Gebiet von der Dschuastufe bis zum Dscha und Sanga ist eine nach Osten sich sanft senkende Sandsteinplatte von 350 bis 750 Meter Höhe, die dem kristallinischen Grundgebirge aufgelagert ist und dort, wo die Erosion schon weit vorgeschritten ist, stellenweise dieses Grundgebirge zutage treten läßt. Auch vulkanische Gesteine sind namentlich in Talniederungen durch die Erosion freigelegt. Die Oberfläche dieser mächtigen Tafel ist zum größten Teil eingenommen von einer mächtigen Schicht von Laterit, die das Auffinden anstoßenden Gesteins sehr erschwert. Die Oberflächenformen des Sanga-Dschuaberglandes sind bestimmt worden durch die Tätigkeit des fließenden Wassers, nachdem die Absenkung der Platte nach dem Kongobecken zu erfolgt war. Die Flüsse haben also diese ursprünglich zusammenhängende Sandsteinplatte zersägt in Plateaus, Bergzüge, Hügel und Hügelgruppen und arbeiten an der völligen Einebnung dieser Unebenheiten. Andererseits aber haben sie die Zerstörungsprodukte, feinen Sand und Schlamm, im Süden, dort wo das Gefälle des Landes fast aufhört, bei Hochwasser abgesetzt und bauen so — auch heute noch — schichtweise ein Land von außerordentlicher Fruchtbarkeit auf. Die Ströme, die diesen Teil von Neukamerun durchziehen sind mächtige Wasserstraßen von 200 bis 600 Meter und mehr Breite, die weithinauf auch für Dampfer von 100 bis 200 Tons schiffbar sind, wenn auch nicht in allen Monaten des Jahres. Auch ihre Nebenflüsse sind zum Teil für kleine Dampfer, zum Teil für Kanus weithinauf schiffbar, nur müssen sie von den außerordentlich zahlreichen, im Wasser liegenden Baumstämmen gereinigt werden. Obwohl man am Sanga zwei Regenzeiten und zwei Trockenzeiten unterscheidet, muß man sich doch zu allen Jahreszeiten auf Regen und Tornados gefaßt machen. Die Temperaturen sind auf den freien Plätzen der Stationen höher als im Urwalde, wo häufig über Nacht eine erhebliche Abkühlung eintritt. Auffallend ist die starke Nebel- und Wolkenbildung über den Flüssen. Das ganze Gebiet, sowohl das Alluvialland des Sangazipfels wie das

Sanga-Dschuaberglande, ist eingenommen von hochstämmigem Urwald mit stellenweise sehr dichtem Unterholz. Er ist reich an Gummibäumen und Lianen, Rotholz, im südlichen Sangazipfel an Ölpalmen und streckenweise an Kolasträuchern. Er wird bevölkert von zahlreichen Elefanten, Büffeln, Antilopen, Wildschweinen, Gorillas, Schimpansen und kleinen Affenarten; in den Flüssen sind Krokodile. Flußpferde und Fische in großen Mengen vorhanden, selten dagegen wurden Schlangen angetroffen. Die Bevölkerung, die von den Franzosen der großen Gruppe der Pahouins zugerechnet wird, ist sehr dünn, zum Teil ist das Land völlig unbewohnt. Im Nordwesten ist die Bevölkerung sehr kriegerisch und widerstandsfähig, im Sangazipfel ist sie von den Franzosen schon an Steuerzahlung gewöhnt.

Welche Entwicklung dieses noch ganz in jungfräulichem Zustand befindliche Land nehmen wird, läßt sich schwer sagen. Es hängt zum großen Teil von der Schaffung von Verkehrswegen und der Herbeiziehung von Arbeitskräften ab. Freilich sind die Schätze des Landes augenblicklich von keiner großen Bedeutung, aber andererseits sind Versuche in irgend welcher Richtung — außer Kautschukplantagen — auf dem vielfach sehr fruchtbaren Boden noch gar nicht gemacht worden.

366. Sitzung. 5. Februar 1914.

Vorsitzender: Senator Westphal.

An Stelle des verhinderten Kassenwartes legt der Vorsitzende die satzungsmäßig für die Februar-Sitzung vorgeschriebene Jahresabrechnung 1913 vor (siehe am Schlusse der Sitzungsberichte). Eine Mitglieder-Übersicht ergibt, daß die Gesellschaft mit 747 Mitgliedern in das Jahr 1914 eingetreten ist.

Die Tagesordnung für den in der Pfingstwoche (2.—4. Juni) tagenden 19. Deutschen Geographentag wird mitgeteilt. Die Zusammenkunft findet diesmal in Straßburg i. E. statt mit folgenden Hauptverhandlungsgegenständen: Neueste Forschungsreisen, Gebirgsbildung und Erdbeben, Landeskunde von Elsaß-Lothringen, Wanderung der Naturvölker und Geographischer Unterricht. An die Tagung schließen sich ein- und zweitägige geographische Exkursionen in die interessantesten Gebiete der Vogesen und Lothringens an.

Dann hält der Direktor des Mineralogisch-Geologischen Instituts in Hamburg, Prof. Dr. Gürich, der im Auftrage des Hamburgischen Staates an dem 12. Internationalen Geologen-Kongreß in Kanada teilgenommen hat, an der Hand von Lichtbildern einen Vortrag über:

Die Exkursionen des 12. Internationalen Geologen-Kongresses 1913 in Alaska.

Der Kongreß selbst tagte vom 7. bis 13. August 1913 in Toronto. Anschließend durchquerten etwa 200 der Kongreßteilnehmer in zwei verschiedenen Exkursionen den westlichen Teil von Kanada. Sie trafen sich wieder teils in der Stadt Vancouver, teils in der Hauptstadt von Britisch-Kolumbien, Victoria, an der Südspitze der Insel Vancouver. Vierzig Mitglieder, darunter drei Damen, traten am 28. August, abends, in Vancouver die Exkursion nach Alaska an. Der Küstendampfer Princess Maquinna war für die Exkursion gemietet.

In dem Vortrage werden 1. die Küstenreise, 2. die Überlandreise nach Dawson, 3. die Goldfelder von Klondike und 4. die Gletschergebiete am Fair Weather und am Eliasberge besprochen. Die Fahrt nach dem Norden bewegte sich größtenteils auf den schmalen Fjorden zwischen der Insel Vancouver, der Königin-Charlotte-Insel einerseits und dem Festlande andererseits. Die Eigentümlichkeit der Ausgestaltung dieses Küstengebietes im Gegensatze zu Norwegen wird erörtert. Die steilen Abhänge der Küstenkette sind bis zu 1200 Meter Meereshöhe mit dichtem Nadelholzwalde bedeckt: Fichten, Tannen, eine Tsuga (engl. Hemlock), ein Lebensbaum (Thuja gigantea, Red Ceder) usw. Angelegt wurde in Albertbai auf der kleinen Insel am Nordende von Vancouver. Hier ist eine Niederlassung der Haida-Indianer; bemerkenswert sind, wie auch an manchen anderen Orten der Küste, die eigenartigen Totems, d. h. hohe, säulenförmige Ahnenstöcke. In Prince Rupert, dem Endpunkte der Grand Trunk Canadian Pacific, wurde ein Abstecher bis fast an den einstweiligen Endpunkt der nach Osten über die Küstenkette führenden Strecke dieser Bahn unternommen. Die Fahrt ging hier längs des Skeenaflusses vorüber an der malerischen Berggruppe der Sieben Schwestern. Von Mittelkanada aus ist diese Bahn bis an den Ostrand des Felsengebirges ausgebaut. Die Kanadier erhoffen von Prince Rupert einen gewaltigen Aufschwung nach Vollendung der Bahn, für die nur das Stück zwischen Küstenkette und Ostrand des Felsengebirges fehlt. Man hofft so, daß Prince Rupert später die Rolle des aufstrebenden Vancouver übernehmen wird, während Vancouver selbst nach Fertigstellung des Panamakanals San Franzisko den Rang streitig machen will, weil von hier aus die Verbindung nach Japan eine viel kürzere ist. Infolge der Hoffnungen und Aussichten hat die Terrainspekulation einen unglaublichen Aufschwung genommen. Nördlich von Prince Rupert wird die Grenze zwischen Kanada im Süden und dem zu den

Vereinigten Staaten gehörigen Alaska überschritten. In Ketchikan werden Lachsfischereien besichtigt. Vorbei an Petersburg; es erinnert daran, daß Alaska 1887 von Rußland gekauft worden ist. 7 1/4 Millionen Dollar haben die Amerikaner dafür gezahlt. Bei Juneau, dem Sitze der Verwaltung von Alaska, werden die Goldgruben von Treadwell besucht. Obwohl die Erze nicht sehr reich sind, hat sich aber hier infolge der Gleichartigkeit der Erzführung über größere Erstreckungen und infolge äußerst zweckmäßig angelegter Aufbereitungs- und Gewinnungsanstalten ein lohnender Goldbergbau entwickelt. Seit 1882 ist hier für 50 Millionen Dollar Gold gewonnen worden.

In Skagway ist das Ende der Seefahrt erreicht, und es beginnt nun die Eisenbahnfahrt über das Küstengebirge. In 878 Meter Meereshöhe wird der Paß überschritten. Die Paßhöhe hat eine traurige Berühmtheit erlangt durch die Beschwerden, die den ersten Goldsuchern aus den Jahren 1896—97 bei der winterlichen Übersteigung der Berge erwuchsen. Nach der Entdeckung des großen Goldreichtums von Klondike kamen buchstäblich Tausende von Goldsuchern aus allen Ländern der Erde hier zusammen. Bald darauf wurde die Bahn gebaut. Bei der Endstation Whitehorse beginnt die Flußfahrt auf einem Quellfluß des Yukon. Der Hinterraddampfer braucht für die im ganten 740 km lange Talfahrt drei Tage; bergauf waren fünf Tage nötig. Während der Fahrt wurden mit besonderem Interesse die überaus scharf ausgeprägten Terrassen verfolgt, die an vielen Stellen den Fluß beiderseits einsäumen; in einem Falle wurden sieben Terrassen übereinander gezählt. Ebenso konnte man sich überzeugen, daß die von der diluvialen Vergletscherung herrührende Moräne nur bis wenig nördlich von der Kohlenmine Tantalus reicht. Nördlich davon wurden Spuren einer Vergletscherung nicht mehr beobachtet. Nicht minder bemerkenswert ist die über 64 000 qkm verbreitete Decke von weißem feinsten vulkanischen Staube. Der vulkanische Ausbruch, der diesen Staub so weit ausgebreitet hat, muß in allerjüngster Zeit, also vor einigen Jahrhunderten, erfolgt sein. Bei Klondike selbst treten die goldführenden Kiese einmal in der Sohle der mehr oder minder flach ausgebreiteten Creeks auf. Diese Schotter besitzen eine geringe Mächtigkeit, liegen unmittelbar auf dem verwitterten Fels auf und sind ihrerseits meistenteils mit Torf bedeckt. Oben an der Kante der Täler finden sich vielfach Schotterlager von 60 bis 90 Meter Mächtigkeit, die sogenannten White Channel Cravel. Der Goldreichtum ist besonders an der Unterkante der Kiese unmittelbar über dem Fels am stärksten angereichert und ist stellenweise sehr groß gewesen. Die Gewinnung hat mit Schwierigkeiten zu kämpfen, da der Boden bis zu 60 Meter Tiefe gefroren ist. Infolgedessen muß er, bevor das Gold daraus gewonnen werden kann, erst zum Auftauen gebracht werden. Das kann durch warmes Wasser oder durch Dämpfe erzielt werden. In den ersten Jahren waren Einzelgoldsucher tätig; nach Erschöpfung der reichsten Stellen sind große Gesellschaften dafür eingetreten. Der Betrieb wird jetzt in der Weise gehandhabt, daß große Baggergoldwäschen (Dredges) auf Wasser schwimmend, die Kieslager der Talsohle aufheben; die im Innern angebrachten Goldwäschevorrichtungen scheiden das Gold aus, und der gewaschene Kies wird zu Bergen angehäuft. Ein solcher Bagger kann mit 1000 Pferdekräften täglich 10 000 Tonnen Gestein verarbeiten. Sind die Kiese in der Talsohle auf diese Weise durchsucht, dann werden die Schotter am Talabhange und in der Hochflächenkante durch Druckspritzen (Hydraulic) bearbeitet. In hölzernen Rinnsalen wird der abgespülte Schotter zu Tal geleitet, durch eingelegte Querleisten das Gold mit den übrigen schweren Mineralien aufgehalten . Im Jahre einige Mal wird das Gold herausgeräumt (Up cleaning). Zu Ehren der Exkursion wurde eine derartige Ausräumung vorgenommen. Um für diese Werke Kraft und Wasser genügend herbeizuschaffen, wurde in 115 km Entfernung am Fuße der Ogilvieberge am Zwölfmeilenflusse ein großes Wasser- und Kraftwerk eingerichtet. Es war dazu die Aufwendung sehr großer Kapitalien und ganz besondere Arbeitsenergie notwendig, da im allgemeinen zur Arbeit über Tage dort nur 175 Tage im Jahre zur Verfügung stehen. Die drei Wintermonate Dezember, Januar, Februar haben eine mittlere Jahrestemperatur von — 15 Grad Celsius, die drei Sommermonate Juni, Juli, August + 14 Grad Celsius; aber Wintertemperaturen von mehr als 50 Grad unter Null sind keine Seltenheit. Die Goldausbeute des Klondikebezirks erreichte im Jahre 1900 ihre größte Höhe: 22 Millionen Dollar. Im ganzen wurden bis 1912 für 140 Millionen Dollar Gold gewonnen. Von besonderem erdgeschichtlichen Interesse ist es, daß sich in den goldführenden Ablagerungen von Alaska Reste einer sehr merkwürdigen Tiergesellschaft finden, darunter das Mammut, mehrere Bisonarten, ein Pferd, der Moschusochse und merkwürdigerweise auch ein Mastodon.

Die Gletscherexkursionen galten dem Muirgletscher in der Gletscherbucht (Glacier Bay), wo besonders Baumstümpfe eines vom Gletscher überschritten gewesenen und wieder freigelegten Waldes betrachtet werden konnten. Hier müssen Schwankungen der Gletscher um neun Kilometer in den letzten Jahrhunderten stattgefunden haben. Demselben Nährgebiet wie der Muirgletscher gehört der Davidsongletscher an, der nach Osten in den Lynnkanal sich hinabsenkt. Hier konnten die Exkursionsteilnehmer den üppigen Urwald am Fuße der Gletschermoräne bewundern. Fichtenstämme von über 200 Jahre sind dort keine Seltenheit. Vom allergrößter Bedeutung für die gesamte Gletscherforschung sind aber der Malaspinagletscher und die Jakutatbai. Vom Eliasberge, der 20 000 Fuß Höhe erreicht, strömen mehrere Gletscher dem Meere zu und vereinigen sich am Fuße der Berge zu einem flach ausgebreiteten Vorlandgletscher von großer Ausdehnung, der an seinem Rande von dunklen Moränen überdeckt ist. Hoher Wald umsäumt den Gletscherrand, während die auf dem Gletschereise selbst ausgeaperte Moräne von jüngerem Walde bedeckt ist, der also hier unmittelbar über dem Eise wächst. Während große Teile des Malaspinagletschers in den letzten Jahrzehnten nur geringe Veränderungen erlitten haben, ist an seinem östlichen Abhange ein kräftiger Vorstoß zu verzeichnen gewesen. Die vorher ruhige Eisoberfläche wurde in ein wildes Meer von Eispfeilern zerlegt und die Eismasse selbst über den Gletscherrand hinausgeschoben, so daß der Wald daselbst von den Eisblöcken überschüttet und begraben wurde. Auch an den anderen Gletschern der Jakutatbai ließen sich ähnliche Schwankungen feststellen. Von großer Wichtigkeit ist hierbei, daß auch am festen Fels Veränderungen der Höhenlage, und zwar an vielen Punkten längs der Ufer der Bai zum Teil nicht unerhebliche Verschiebungen, festgelegt werden konnten. Teils wurde das Ufer bis um 2 Meter gesenkt, teils konnten Hebungen bis zu 14 Meter festgestellt werden. Sieben Verwerfungslinien wurden hier durch die amerikanischen Geologen nachgewiesen; ihre Entstehung wird zurückgeführt auf die Erdbeben vom 3. bis 28. September 1899. Es liegen Berichte davon vor von einer Goldsuchergesellschaft, die sich damals in der Jakutatbai befand, und von dem Missionar der Tlinkitischen Missionsstation am Eingange in die Jakutatbai. Die Exkursion konnte auf dem 200 Meter hohen, von zwei Gletscherarmen umflossenen Nunatakberge die noch ganz frischen zahlreichen Fels- und Erdspalten besichtigen, die auf jenes Erdbeben zurückgeführt werden.

Die Darlegungen des Vortragenden werden durch eine größere Anzahl von Lichtbildern erläutert, die zum Teil von ihm selbst herrühren; zum Teil verdankt er sie Dr. Lück in Leipzig. Einige waren von ortsangesessenen Photographen erworben. Zum Schlusse weist der Vortragende darauf hin, daß hie Exkursionen in Alaska leider mit allzu großer Eile durchgeführt werden mußten. Das ergibt sich aber aus den Riesenentfernungen und der geringen Dauer der eigentlichen Reisezeit, da man sowohl in Klondike wie im Gletschergebiet zu früh auf Wintervorboten gefaßt sein muß. Dankbar gedenkt der Vortragende der Fachgenossen aus Kanada und aus den Vereinigten Staaten, die in diesem noch zu wenig gekannten Gebiete die anstrengende und schwierige Führung übernommen hatten.

367. Sitzung. 5. März 1914.

Vorsitzender: Dr. W. Oehrens.

Der Vorsitzende macht eine Mitteilung über die beiden Tonga-Inseln Falcon und Hope, die nach Zeitungsberichten Ende 1913 infolge eines Seebebens mit sämtlichen Bewohnern (einige Tausend) von der Bildfläche verschwunden sein sollten. Als Gewährsmann wurde der Kapitän des Dampfers „Sonoma" genannt. Das Mitglied der Gesellschaft Direktor Riedel von der Deutschen Handels- und Plantagengesellschaft der Südseeinseln in Hamburg hat nun von den Südsee-Faktoreien Erkündigungen über diese immerhin sehr beachtenswerten Gerüchte eingezogen und die Nachricht erhalten, daß sie sich nicht bestätigen.

Die Insel Falcon besteht demnach, wie dies auch schon aus den englischen und deutschen Seekarten hervorhing, als solche schon seit vielen Jahren nicht mehr. Sie wird nur noch als Untiefe (shoal) auf den Seekarten verzeichnet. Sie tauchte in den 80er Jahren des vorigen Jahrhunderts plötzlich auf, verschwand 1898 wieder von der Meeresfläche, um sich 1900 wieder teilweise über das Wasser zu erheben. Die Insel ist niemals dauernd bewohnt gewesen, nur vorübergehend haben sich Eingeborene dort aufgehalten.

Die angeblich mit Mann und Maus untergegangene Insel Hope ist identisch mit der auf unseren heutigen Karten unter dem Namen Niuafou verzeichneten Vulkaninsel. Niuafou wurde am 14. Mai 1616 von Le Maire und Schouten entdeckt und Good Hope Island benannt. Kapt. Edwards, Befehlshaber des englischen Kriegsschiffes „Pandora", glaubte die Insel 1791 neu entdeckt zu haben und benannte sie Proby Island. 1895 waren ca. 1000 Einwohner, verteilt auf 9 Dörfer, auf der Insel. Die Insel ist sehr vulkanisch und birgt im Innern einen großen Kratersee. Im Oktober 1912 brachen, wie Herr Direktor Riedel sich berichten läßt, an einem Tage mehr als 20 Vulkane aus, die jedoch keinen nennenswerten Schaden angerichtet haben. Die verhältnismäßig stark bevölkerte Insel Niuafou existiert also noch nach wie vor.

Nachdem der Vorsitzende dann noch auf die um Pfingsten in Straßburg beim 19. Deutschen Geographentag bevorstehenden schulgeographischen Verhandlungen hingewiesen hat, hält Prof. Dr. Th. Koch-Grünberg (Freiburg i. Br.) den von zahlreichen Lichtbildern begleiteten Vortrag über seine

Reise durch Nord-Brasilien zum Orinoco 1911—13.

Die Reise begann im Juni 1911 mit einer Untersuchung des Flußgebietes des Rio Branco, des größten linken Nebenflusses des Rio Negro in Nord-Brasilien. Der Vortragende schildert zunächst die weiten Savannen und die an großartigen Naturschönheiten reichen Gebirgsgegenden nördlich vom Rio Branco, die ihren Glanzpunkt finden in dem gewaltigen Sandsteingebirge Roroima auf der Grenze von Brasilien, Venezuela und Britisch-Guayana. Er gibt dann ein Bild von den unendlichen Mühseligkeiten und Gefahren der Fahrt westwärts auf dem fast ausgetrockneten Uraricuera, dem Hauptquellflusse des Rio Branco, und des durch unzureichende Nahrung, Krankheiten, ununterbrochene Regengüsse und Feindseligkeiten der Indianer außerordentlich erschwerten Marsches über die wilden Gebirgszüge der Wasserscheide zum Orinoco. Diesen erreichte die Expedition über den bisher unbekannten Lauf seines großen rechten Nebenflusses Ventuari am 1. Januar 1913, nachdem man 13 Monate keinen Weißen gesehen hatte. Durch den Casiquiare, die Bifurkation, gelangte man wieder zum Rio Negro und verfolgte diesen westwärts bis Manaos, dem Ausgangspunkte dieser zweijährigen Reise.

Auf dieser Reise wurden zahlreiche Indianerstämme besucht, die zum Teil nie Weiße gesehen hatten und ein ganz ursprüngliches Leben führten. Unter einzelnen Stämmen hielt sich der Reisende monatelang auf und konnte auf diese Weise genaue Beobachtungen machen über ihre Lebensweise, Sitten und Gebräuche und großes Material sammeln über Sprachen, Mythen und Legenden.

Den Lebensunterhalt liefert den ansässigen Indianern in erster Linie die Maniokwurzel, in deren Anbau und Verarbeitung sich Mann und Frau teilen. Die animalische Kost wird durch Fischfang und Jagd erworben. Meistens werden die Fische noch auf alte, edle Weise mit Bogen und Pfeil erlegt. Die Hauptjagdwaffe ist bei den anssäsigen Stämmen das Blasrohr, aus dem mit Curare vergiftete Pfeilchen geschossen werden, bei den streifenden Stämmen riesige Bogen und Pfeile mit Bambusspitzen. Die Korbflechterei steht bei den ansässigen Stämmen in großer Blüte. Baumwolle wird mit einfachen Spindeln gesponnen. Aus den Fäden werden Hängematten gewebt. Die Töpferei ist wenig ausgebildet. Die Tongeräte werden auf ursprüngliche Weise durch Aufeinanderlegen von Tonrollen hergestellt. Während die streifenden Stämme unter elenden Schutzdächern hausen, wohnen die ansässigen Indianer in wohlgebauten, großen Sippenhäusern mit spitz zulaufendem Palmstrohdach. Bei Todesfällen wird das Haus aus Furcht vor dem Zorn der bösen Geister verlassen. Der Vortragende zeigt den Neubau eines Hauses in allen seinen Phasen. Bevor das fertige Haus bezogen wird, werden alle Bewohner ausgepeitscht, um sie vor Krankheiten zu bewahren. Außerdem finden freundschaftliche Ringkämpfe mit den Gästen statt.

Zum Schluß geht der Redner noch auf das Problem der Orinocoquellen ein. Er hält ein Erreichen unter sehr großen Schwierigkeiten zwar für möglich, spricht ihm aber jede praktische Bedeutung ab.

368. Sitzung. 2. April 1914.

Vorsitzender: Senator Westphal.

Der Vorsitzende macht zunächst auf verschiedene literarische Geschenke aufmerksam. Von dem großen dänischen Werke „Meddelelser om Grönland“ ist der 39. Band, betitelt „The Ammassalik Eskimo edited by William Thalbitzer“ der Gesellschaft übersandt worden, der in eingehendster Weise die ethnologischen Verhältnisse der ostgrönländischen Eingeborenen behandelt. — Geheimrat Penck hat seinen unter dem Titel „Antarktische Probleme“ betitelten Vortrag, gehalten am 22. Januar in der Kgl. Preußischen Akademie der Wissenschaften in Berlin, übersandt. Den in diesem Vortrage gemachten Ausführungen über den verstorbenen nautischen Leiter der Filchnerschen antarktischen Expedition, Kapitän Vahsel, ist bekanntlich auf dem jüngst stattgehabten 6. Deutschen Seeschiffahrtstage von Direktor Polis (Hamburg) widersprochen worden. — Die von Prof. Dilling geschaffene „Heimatskunde der freien und Hansestadt Hamburg“ liegt in der 7. von Dr. Rudolf Lütgens völlig neu bearbeiteten Auflage vor, und von Professor Max Friederichsen (Greifswald) ist ein Exemplar des von ihm verfaßten, in Gotha erschienenen 6. geographischen Bausteins, betitelt: „Moderne Methoden der Erforschung, Beschreibung und Erklärung geographischer Landschaften“

übersandt worden. Diese Schrift beansprucht besonderes Interesse, weil es das Verständnis für die physiologisch-morphologischen Forschungen der Professoren Davis und Passarge, die auch in dem soeben erschienenen 28. Bande der Mitteilungen der Hamburger Geographischen Gesellschaft fortgesetzt werden, in weitere Kreise tragen will.

Nachdem noch zweier verstorbener hervorragender Forscher auf erdkundlichem Gebiet, des am 16. März in Edinburgh mit einem Kraftwagen im 73. Lebensjahr verunglückten berühmten englischen Ozeanographen Sir John Murray (Ritter des Ordens „pour le mérite") und des im Alter von 87 Jahren verstorbenen russischen Geographen Peter Semenow-Tian-Shansky (ebenfalls Ritter des Ordens „pour le mérite") in ehrender Weise gedacht worden ist, erhält Professor Dr. Rud. Poech (Wien) das Wort zu einem Vortrag:

Im Dünensandfeld der Südkalahari.

So wie ein Teil der Sahara mit Sanddünen bedeckt ist, hat auch die südafrikanische Wüste, die Kalahari, ihr Dünenfeld. Bekannt wurde dieses sonst wenig begangene Gebiet während des letzten Abschnittes des Feldzuges gegen die Hottentotten, da Simon Kopper mit seinen Leuten in dieses unzugängliche Dünengewirr flüchtete und von den deutschen Truppen verfolgt wurde. Der Vortragende hat dieses Dünensandfeld unmittelbar nachher betreten, vom Süden aus, zum Zwecke anthropologischer und ethnologischer Studien an den Buschmännern, welche er im Auftrage der Wiener Akademie der Wissenschaften ausführte. Da in diesen mit hohem Dünensande bedeckten Gebieten auf hunderten von Quadralkilometern jede Wasserstelle fehlt, hängt der Reisende vollständig von dem Flüssigkeitsgehalte der wilden Wassermelonen ab, die nach gutem Sommerregen streckenweise, meist an den Dünenhängen wachsen. Nach regenlosen Sommern fehlen sie, dann ist ein Eindringen in diese Sandwüste überhaupt nicht möglich. In dem in Betracht kommenden Sommer waren reichliche, aber doch nur stückweise Regen gefallen; der Forschungsreisende konnte nur auf einem beträchtlichen Umwege nach seinem Ziele gelangen, zu den tief im Innern dieses Dünen-Sandfeldes frei lebenden Buschmännern. Es wurden im ganzen etwa 1500 Kilometer im Sande zurückgelegt. Die Dünen der südlichen Kalahari sind langgestreckte, oft viele Kilometer lange, parallel laufende Ketten; die meisten sind etwa 10 bis 12 Meter hoch. Sie sind keine Wanderdünen mehr, sondern fixiert, und mit Vegetation bedeckt, allerdings einer kargen, aus Gräsern und niedrigem Buschwerk bestehenden. Die Zeit, in welcher diese Dünenwelt entstand, muß weit zurückliegen, und einer Periode noch größerer Trockenheit, und anderer, zum mindesten viel stärkerer Winde entsprechen. In diesem Dünenlande reist man am besten mit einem zweirädrigen, mit acht bis zehn Ochsen bespannten Karren. Die Tiere ebenso wie die Menschen, decken ihr Flüssigkeitsbedürfnis mit den Wassermelonen. Meist schlägt man Routen ein, die immer Düne-auf, Düne-ab-gehen. An Tagen wurden über 80 solche Kämme überwunden; in der Stunde bringt man vier bis fünf Kilometer hinter sich. Gerüchten und Buschmannsspuren folgend, ging die Reise das wasserlose Tal des Nosob hinauf. Bei etwa 25° 30′ südlicher Breite, nicht mehr sehr ferne von der Grenze des deutschen Schutzgebietes fanden sich Buschmänner in großer Zahl, etwa 150 Köpfe, die dort zusammen mit Velander'schen Bastards (Bastard-Hottentotten) die Jagd betrieben. Mitten in großen Melonenfeldern, hunderte von Kilometern weit von jedem Wasser, hatten diese Bastards (Mischlinge von Buren und Hottentotten- und Buschmannweibern) für einige Wochen Aufenthalt genommen, Buschmänner jagten für sie und machten Salzfleisch (Bultrag); es wurden Felle und Hörner gewonnen und Melonenkörner zu Mehl zerklopft. Auf dem Rückzuge nach Upington führte der Weg an der Düne südlich der Pfanne Eenzamheid vorbei, wo jetzt durch den Wind wieder entblößt, Gebeine der Leute des dort besiegten und gefallenen Morenga sichtbar werden. In Kuis im Molopo und an anderen Orten haben sich kleine Trupps der aus Deutsch-Südwestafrika entflohenen Hereros angesiedelt und betreiben dort Viehzucht. Das Dünensandfeld der südlichen Kalahari ist als Landschaft heute als tot zu bezeichnen, denn die Kräfte, welche sie aufgebaut haben, die Winde, wirken nicht mehr; die Wasser, welche die „Riviere“ aushöhlten, sind versiegt. Die Entstehung des heutigen Landschaftsbildes gehört einer lang entschwundenen Erdperiode an; dann bedeckten sich die Dünen mit Vegetation, ungezählte Herden von Antilopen und anderem Wild belebten diese Dünenlandschaft. der Buschmann folgte dem Wild und lebte von ihm und mit ihm. Denn mit seiner Waffe konnte er es nicht ausrotten. Erst die Feuerwaffe des Europäers, allerdings meist geführt von Eingeborenen, von Bastards und Buren, vernichteten den Wildstand, der Buschmann, seiner Subsistenzmittel beraubt, verschwand auch. Und so wurde dieses Land dann auch tot in diesem Sinne, so daß es entvölkert und seiner Tierwelt beraubt, dalag. Nun ist das südlichste Gebiet als Wildreserve erklärt. Im Nosob,- Anob- und Molopotal haben Tiefbohrungen Wasser ergeben. Wir stehen am Anfange einer neuen

Periode für das Dünensandfeld der südlichsten Kalahari; sie wird erobert von der modernen Technik. Eine dem Lande angepaßte und extensiv betriebene Viehzucht beginnt sich zu entwickeln, die Jagdreserve verspricht ein Paradies für den Waidmann zu werden. So ist das Dünensandfeld auch eingeordnet worden in den Wirtschaftsbetrieb der modernen Menschheit und hört auf, die gemiedene Wüste zu sein.

Sodann hält Professor Max Friederichsen (Greifswald) einen durch graphische Veranschaulichungen und Bilder illustrierten Vortrag über:

Die Sturmfluten der Jahreswende 1913/14 und ihre Einwirkung auf die deutschen, namentlich pommerschen Ostseeküsten.

Den Ausführungen des Redners liegen die vorläufigen Ergebnisse der Bearbeitung von etwa 230, an geeignete Stationen der deutschen Ostseeküste (namentlich des pommerschen Teils) Anfang Januar versandte Fragebogen zu Grunde; ferner wurden die Beobachtungsergebnisse zahlreicher Küstenwanderungen und dabei gemachter photographischer Aufnahmen, sowie die Aufzeichnungen der selbstregistrierenden Pegel der deutschen Ostseeküste verwendet. Eine ausführliche Bearbeitung aller dieser Materialien ist für später geplant und wird zur Zeit im Geographischen Institut der Universität Greifswald unter dankenswerter Mithilfe der in Frage kommenden Privaten und Behörden vorbereitet. Das Interesse, das die Geographie an einer gründlichen Erforschung dieser letzten Ostsee-Sturmfluten hat, ist ein mehrfaches. Zunächst gilt es, die meteorologischen und hydrologischen Vorgänge festzustellen, welche zu dem so außergewöhnlichen Wassersteigen (ca. 2 Meter über N. N.) führten. Soweit diese Verhältnisse zurzeit zu übersehen sind, handelt es sich im vorliegenden Fall (wie in den meisten ähnlichen, z. B. bei der Flut von 1904) um: 1. ein starkes Auffüllen des Ostseebeckens durch Westwinde vor der Flut, und dann 2. um ein unter der Wirkung des Umspringens des Windes auf Nordost zustande gekommenes Zurückdrängen des Wassers aus der mittleren und nördlichen Ostsee gen Süden und Südwesten über den Rand der südlichen baltischen Gestadeländer hinüber. Im einzelnen haben sich dabei die meteorologischen und hydrologischen Verhältnisse der ersten Flut (29. bis 30. Dezember 1913) und der zweiten Flut (9. bis 10. Januar 1914) mannigfach von einander verschieden erwiesen. An Wetterkarten und Pegeldiagrammen wird dies des Näheren gezeigt. Von besonderer Wichtigkeit ist es für morphologische, vom Geographen zu betreibende Studien der Küstenformen, die dynamische Einwirkung solcher Fluten auf die Gestade genau zu studieren. Da wir wissen, daß Ostseesturmfluten im Durchschnitt alle 17 Jahre, vielfach schon nach 10 Jahren wiederzukehren pflegen, so ist ersichtlich, daß diese gewaltigen Naturereignisse im Werdegang der heutigen Ostseeküsten und bei der Herausbildung der Groß- und Kleinformen in jüngster geologischer Vergangenheit (seit der postglazialen Phase der Litorina-Senkungsperiode) eine ganz bedeutende, wenn nicht die bedeutendste Rolle gespielt haben.

An der Hand einer durch Lichtbilder erläuterten Wanderung an den Flach- und Steilküsten, an den Sand- und Geschiebemergel- oder Kreideküsten wird dies im einzelnen dargelegt. Dabei wird mit besonderem Nachdruck hingewiesen auf die Abrasionswirkung der Flutwelle im lockeren Dünensandgebiet, wo 10 bis 16 Meter (und mehr) breite, bis 6 und 7 Meter hohe Dünenwälle vollkommen eingeebnet wurden. Ein Vorgang, wie er sich zweifellos bei den heute so eigenartig angeordneten Dünensystemen der Swinepforte zwischen Usedom und Wollin früher vielfach ereignet haben wird. Nicht minder interessant waren die Sturmflutbildungen von über 3 Meter über Mittelwasser der Ostsee, auf der zerstörten Strandpromenade von Saßnitz gelegenen in 6 bis 7 Meter breiten und 1,50 Meter hohen Wällen aufgeschichteten Feuersteinwällen aus der Kreide des benachbarten Steilufers; diese Erscheinung gab den Schlüssel für das richtige Verständnis der einstigen Bildung jener „fossilen“ Feuerstein-Strandwälle, die die sogenannte „Schmale Heide“ zwischen Jasmund und Mönchgut bildeten, und die man, wie der Redner betont, bisher sehr zu Unrecht nur durch geologisch junge Hebungen glaubte erklären zu können. Gewaltig waren auch die im Bilde vorgeführten Zerstörungen an menschlichen Uferschutzbauten, Stegen, Badeanstalten, Gebäuden usw., ein Schaden, der allein für die pommersche Küste amtlich auf rund $2^1/_4$ Millionen Mark festgestellt wurde.

Wenn auch in Einzelfällen die Presse im Anfang übertriebene Berichte, besonders auch aus den Gebieten der hinterpommerschen Strandseen gegeben hat, so bleibt doch im allgemeinen die Tatsache bestehen, daß in wenigen Stunden an unseren deutschen Ostseeküsten in jenen Unglückstagen und -nächten große Werte verloren gegangen und zahlreiche Menschen in Not und Elend gestürzt worden sind. Staat und Gemeinden sind weithin in schwerster Weise geschädigt worden, und es wird vieler Arbeit, vielen Geldes sowie einer erheblichen Spanne Zeit bedürfen, um diesen Schaden wieder wett zu machen. Wissenschaft und Wasserbautechnik aber werden in gleicher Weise aus den Ergebnissen lernen können und müssen.

369. Sitzung. 7. Mai 1914.

Vorsitzender: Dr. W. Oehrens.

Der Vorsitzende begrüßt das nach sechsmonatlicher Abwesenheit nach hier zurückgekehrte Vorstandsmitglied Prof. Dr. Schlee und gibt der Hoffnung Ausdruck, im kommenden Herbst über seine Erlebnisse und wissenschaftlichen Ergebnisse in einem Vortrage über Vorder- und Niederländisch-Indien Näheres zu erfahren.

Derselbe berichtet über die nunmehr definitive Tagesordnung des auf den 1. bis 4. Juni a. c. in Straßburg anberaumten 19. Deutschen Geographentages und widmet darauf dem am 27. April im 83. Lebensjahre in Wien verstorbenen früheren ordentlichen Professor der Geologie und langjährigem Präsidenten der Kaiserl. Akademie der Wissenschaften Dr. Eduard Suess, dem Verfasser des monumentalen Werkes „Das Antlitz der Erde“ Worte ehrenden Gedenkens.

Hierauf nimmt Prof. G. Schott das Wort, um dem am 11. April im 62. Lebensjahre in Leipzig verstorbenen bekannten Tiefseeforscher und Ordinarius der Zoologie und Zootomie, Geheimrat Prof. Dr. Karl Chun einen Nachruf zu halten, wobei er insbesondere auch seine Verdienste um die Geographie hervorhebt. Redner ist zu dem Dahingeschiedenen dadurch in nahe Beziehung gekommen, daß er an der unter Chun's Leitung ausgeführten großen deutschen Tiefsee-Expedition auf der Valdivia teilgenommen hat.

Sodann wird das folgende Schreiben des Herrn Prof. Dr. G. Thilenius, des Direktors des Hamburgischen Museums für Völkerkunde, verlesen:

> „Im Jahre 1912 überwies die Geographische Gesellschaft dem Museum für Völkerkunde die Sammlungen, die das Ergebnis der von ihr veranstalteten Expedition in das sog. abflußlose Gebiet Deutsch-Ostafrikas bildeten. Von dem Führer der Expedition, Herrn Dr. Obst, wurden uns ferner Photogramme und ethnographische Notizen übergeben, die im wesentlichen die Beantwortungen des bekannten v. Luschan'schen Fragebogens bieten. Das Material erwies sich als außerordentlich wertvoll; das Museum, das aus dem berührten Gebiete noch nichts besaß, erhielt mit einem Male eine reiche Sammlung, und überdies stellte sich heraus, daß die Expedition einen

wichtigen Beitrag zur Kenntnis der merkwürdigen Völker jenes Gebietes mitbrachte. Der Vorsteher der afrikanischen Abteilung des Museums, Herr Dr. O. Reche, übernahm es, den ethnographischen Teil der Sammlung zu veröffentlichen, und ich freue mich, der Geographischen Gesellschaft hiermit ein Exemplar der Bearbeitung[1]) als äußeren Ausdruck unseres Dankes für die Zuwendung überreichen zu können.

Der Reisende konnte infolge seiner besonderen geographischen Aufgabe und der dadurch bedingten Reisemethode selbstverständlich keinerlei irgend erschöpfende Sammlungen oder Beobachtungen gewinnen. Dennoch zeigt bereits das Inhaltsverzeichnis der vorliegenden Abhandlung, daß er nicht nur Gegenstände der materiellen Kultur einbrachte sondern auch Berichte und Notizen über ihre Verwendung, ferner über die Gebiete der Wirtschaft, Gesellschaft, Religion usw. Während dieses Material in Verbindung mit der spärlichen Literatur in dem beschreibenden Teil der Abhandlung zusammengestellt wurde, konnte der Bearbeiter auch noch eine vergleichende Darstellung anschließen, die vor allem Art und Zahl der in dem abflußlosen Gebiete einander überlagernden Kulturschichten feststellt. Es ist damit eine Grundlage für die systematische Beurteilung dieser eigentümlich zusammengesetzten Bevölkerung geschaffen, und wenn auch spätere Untersuchungen sicherlich das Beobachtungsmaterial wesentlich vergrößern können, so werden sie doch die aus der Vergleichung gewonnenen Grundlagen kaum wesentlich verändern.

Unter dem Gesichtspunkte der Völkerkunde stellt sich die Expedition der Geographischen Gesellschaft als voller Erfolg dar, und ich freue mich, hinzufügen zu können, daß auch die Bearbeitung des anthropologischen Materials dieser Expedition, die demnächst zum Druck gelangen wird, ebenso grundlegende Ergebnisse bringen wird wie die vorliegende Bearbeitung der Ethnographie.

Unter diesen Umständen möchte ich nicht verfehlen, der Geographischen Gesellschaft in Hamburg wiederholt den Dank der Verwaltung des Museums für Völkerkunde dafür auszu-

---

[1]) Dr. O. Reche: Zur Ethnographie des abflußlosen Gebietes Deutsch-Ostafrikas (Bd. XVII der Abhandlungen des Hamburgischen Kolonialinstituts), Hamburg, L. Friederichsen & Co. 1914.

sprechen, daß sie ihm die wichtigen Ergebnisse ihrer Expedition zur Aufbewahrung und wissenschaftlichen Bearbeitung überwies."

Dann hält unter Vorführung von Lichtbildern Privatdozent Dr. Behrmann aus Berlin einen Vortrag:

Im Innern von Deutsch-Neuguinea.

Er berichtet über den Verlauf der Kaiserin-Augusta-Fluß-Expedition, die im Auftrage des Reichs-Kolonialamts nach Deutsch-Neuguinea gesandt worden war. An der Expedition nahmen neben Herrn Bergassesor Stollé als Führer noch vier Wissenschaftler, ein Botaniker, ein Arzt und Zoologe, ein Ethnograph und der Vortragende als Geograph teil. Später folgte noch ein zweiter Ethnograph. Die Hauptaufgabe der Expedition war, sämtliche Nebenflüsse des Kaiserin-Augusta-Flusses festzustellen, sowie die Ausdehnung der weiten Ebene, die der Fluß entwässert. Nur selten war vor der Expedition der Fluß befahren worden; so einmal von der Peiho-Expedition der Hamburgischen Wissenschaftlichen Stiftung, die von der Mündung aus etwa 450 Kilometer weit vorgedrungen war. [1])

Die Eingeborenen am unteren Flußlauf zeichnen sich durch hohe steinzeitliche Kultur aus; ein großer Kunstsinn ist ihnen eigen und offenbart sich in der Anfertigung stattlicher Wohnhäuser sowie geschmackvollen Hausgeräts. Die Anwohner des oberen Flußlaufes sowie der Nebenflüsse sind meist sehr viel primitiver und leben noch völlig im Steinzeitalter, d. h. in absoluter Unkenntnis des Eisens und des Wertes von Eisenwaren. Von der Expedition wurde eine Reihe von Nebenflüssen entdeckt, unter denen vier oberhalb des Hauptlagers Malu, das an einem Bergrücken in der Nähe der Großschiffahrtsgrenze angelegt wurde, und drei unterhalb des Hauptlagers sich befinden. Der Dörferfluß zeichnet sich durch eine reichliche Bevölkerung aus, ist aber nicht gut schiffbar. Der größte Nebenfluß ist der unterste, der Töpferfluß. An ihm liegen auch viele Eingeborenendörfer, und er führt in unmittelbarer Nähe des anderen Hauptflusses von Neuguinea, des Ramu. Alle Nebenflüsse führen nur von Süden in den Hauptfluß hinein. Die weite Ebene im Norden entsendet keine Flüsse zum Kaiserin-Augusta-Fluß. An beiden Seiten des Hauptstromes finden sich ausgedehnte Grassumpf-

[1]) Siehe: Ergebnisse der Südsee-Expedition 1908—10, herausgegeben von Prof. G. Thilenius. Der Kaiserin-Augusta-Fluß von Dr. Otto Reche, 1913. Hamburg, L. Friederichsen & Co.

flächen, die unbetretbar sind. Daher sind die Eingeborenendörfer nur auf dem Flußdamm angelegt.

Das Bergland im Süden des Kaiserin-Augusta-Flusses wurde auf vier großen Vorstößen besucht. Das Vordringen in das Innere von Neuguinea ist durch die dichte Urwaldvegetation sehr erschwert, da sämtliche Nahrung von den Trägern mitgenommen werden muß und man nichts Eßbares aus dem Urwalde selbst bekommen kann. Alle Wege muß man sich mit dem Buschmesser bahnen, und so kommt es, daß die Maximalleistung eines anstrengenden Tages 5—7 Kilometer beträgt. Trotz dieser Beschwerden wurde auf dem Westvorstoß die ganze Westkette überschritten und das Mittelgebirge zwischen dieser und der Zentralkette erreicht. Auf dem Hauptvorstoß wurde sogar in einer Höhe von 1720 Metern die Wasserscheide und die Grenze des im Süden gelegenen englischen Gebietes berührt. Der Vorstoß zur Hunsteinspitze führte auf den 1400 Meter hohen Gipfel und gewährte einen guten Einblick in den Gebirgsbau. Der Ostvorstoß führte auf den 2100 Meter hohen Schraderberg, mußte aber wegen eines Überfalles vorzeitig abgebrochen werden. Auf den Vorstößen ins Gebirgsland wurde der Verlauf der einzelnen Gebirgsketten kartographisch niedergelegt. 105 Blätter sind die Ausbeute des Geographen gewesen. Ein Hauptergebnis ist, daß das Zentralgebirge anders verläuft, als die Karten es bislang darstellten. Es ist nicht ein einheitlicher Zug, welcher einen merkwürdigen Winkel zwischen Kaiserin-Augusta-Fluß und Ramu bildet, sondern es sind einzelne Ketten, welche strahlenförmig in die Ebene ausklingen. Die Ebene setzt sich zwischen die Berge hinein fort, das Gebirge sinkt unter die Anschwemmungsprodukte der Flüsse unter.

Die wirtschaftliche Bedeutung dieses von der Expedition besuchten Hauptteils von Deutsch-Neuguinea beruht nicht so sehr in den Schätzen der Vegetation oder des Bodens, sondern in der Bevölkerung. Das weite Sumpfland wird in absehbarer Zeit wohl nicht für irgendwelche Kulturen, auch nicht für Reis, in Frage kommen. Die Sagobestände sind zur Ernährung der Bevölkerung notwendig und auch meist schwer zugänglich. Die Urwälder sind in gleicher Ausbildung von der Küste besser zu erreichen, als wie weit im Innenlande. An der Küste befindet sich noch Platz genug für Plantagenbetriebe, sei es durch Eingeborene oder durch Europäer. Die Arbeiterfrage, die ja in Neuguinea eine große Rolle spielt, kann durch Herbeiführung von Eingeborenen aus den Kaiserin-Augusta-Flußgebieten gelöst werden, zumal da es Herrn Dr. Thurnwaldt neuerdings gelungen sit, größere Dorfschaften festzustellen. Allerdings ist verständnisvolles Eingehen auf die primitive steinzeitliche Kultur der Eingeborenen und langsames Überführen in die Arbeitsweise auf europäischen Plantagen Vorbedingung.

Professor Dr. Gürich zeigt darauf eine Reihe von Bildern zur Erläuterung des Vorkommens der Einbettung und der Erhaltung der

Säugetierreste in den Tuffschichten der Olduwai-Schlucht

in Deutsch-Ostafrika. In einer dieser Schichten hat Dr. Reck, Berlin, ein Menschenskelett gefunden. Professor Kattwinkel, München, hat dieses Knochenvorkommen entdeckt, und auf seine Anregung hin unternahm Dr. Reck dort Ausgrabungen, die er mit geschulten Arbeitern drei Monate lang fortsetzen konnte. Die hierbei entdeckte Fauna ist überaus reichhaltig. In den unteren Schichten fanden sich Reste von Elefanten, Nashorn und Flußpferd vor, in den oberen Antilopen. Es liegen auch Schädel von Raubtieren und ein Affenschädel vor. An einer Stelle einer Photographie ist deutlich ein Kieslager erkennbar, das den Tuffen eingeschaltet ist und aus groben Geröllen besteht. Es handelt sich also im ganzen um Ablagerungen eines Sees, in den das vulkanische Tuffmaterial hineingelangt ist und in den sich zeitweilig Flüsse mit starkem Gefälle ergossen. Die Tiere müssen in diesem Gewässer umgekommen sein. Nur in den unteren Schichten fanden sich zusammenhängendere Skeletteile wie ganze Gliedmassen, in den oberen Schichten sind die Knochen mehr vereinzelt. Die Fauna weist, soweit man es bis jetzt übersehen kann, einen jung-pliocänen oder alt-pleistocänen Charakter auf. Das Menschenskelett ist im Gegensatz zu allen anderen Funden vollständig. Es zeigt die typische Hockerstellung. Wir wissen durch Dr. Obst und aus anderen Quellen, daß bei vielen zentralafrikanischen Völkern die Leichen in Hockerstellung gebracht und, in eine Kuhhaut gewickelt beigesetzt werden. Es erweckt diese Haltung des Skeletts sofort den Verdacht, daß es sich um ein verhältnismäßig jugendliches Grab handelt. Bestärkt wird die Meinung dadurch, daß der Schädel nicht primitivere Züge aufweist, als bei den umwohnenden afrikanischen Völkern. Dr. Reck ist anderer Meinung. Er hält das Skelett für gleichaltrig mit den umgebenden Schichten und den darin auftretenden Tierresten. Es würde das frühe Auftreten einer entwickelten Menschenrasse gegen alle bisherigen Erfahrungen sein. Deswegen bedarf dieser Fund der genauesten Prüfung. Wenn aber auch dieses Menschenskelett nicht die geologische

Bedeutung hat, die Reck ihm zuschreibt, ist doch der Fund der gesamten Fauna in diesen Teilen von Afrika von der allergrößten Wichtigkeit für die Lösung von einer ganzen Reihe grundlegender Probleme zur Erdgeschichte dieses in Rätseln so reichen Landes; aber abgesehen davon hat das Skelett immerhin eine prähistorische Bedeutung in diesem jetzt menschenleeren Gebiete. Dr. Reck hat dem Vortragenden persönlich Mitteilungen von überraschenden prähistorischen Funden in jenen Gegenden gemacht. Dr. Reck selbst hat Gräber von eigenartiger Form auf seinem Wege nach Ngorongoro beobachtet, und der Farmer Siedentopf, der im Kraterkessel des Ngorongoro angesiedelt ist, hat andere Gräber entdeckt, aus denen er Dr. Reck einige Funde vorwies. Es verspricht also die ganze Gegend sowohl für die Geschichte der dortigen Bevölkerung wie für die Erdgeschichte Aufschlüsse von größter Tragweite zu geben.

370. Sitzung. 5. November 1914.

Vorsitzender: Senator Westphal.

Der Vorsitzende eroffnet die Sitzung — die erste nach dem Kriegsausbruch — mit einer Ansprache an die zahlreich erschienenen Mitglieder, in der er zum Ausdruck bringt, daß wenngleich unser ganzes Fühlen und Hoffen und unsere Zuversicht hinter unseren Tapferen draußen im Felde stehe, es sich doch auch zieme, gelegentlich anderen Gedanken Raum zu geben, um unserem Geiste die so nötige Elastizität zu erhalten und vermöge derselben die uns durch den Weltbrand erwachsene ungeheure Spannung zu ertragen. Von diesem Gesichtspunkt geleitet, konnte es dem Vorstande nicht zweifelhaft sein, daß die Sitzungen der Geographischen Gesellschaft im kommenden Winterhalbjahr fortgesetzt werden müßten. Für die Oktober-Sitzung sei ein Vortrag des Herrn Prof. Schlee über die Erlebnisse und Ergebnisse seiner jüngst in Vorder- und Hinter-Indien ausgeführten Studienreise angemeldet gewesen; derselbe habe aber infolge Einberufung des Prof. Schlee zur Fahne ausfallen müssen. Für heute hätten sich nun die Herren Professoren Rathgen und Deneke zur Verfügung gestellt, denen er im Vorwege hierfür danken wolle. Außer Prof. Schlee seien noch zwei andere Vorstandsmitglieder, die Herren Prof. Passarge und Senator Strandes in den Dienst des Vaterlandes getreten. Ersterer sei als Militärarzt, letzterer als Zivilgouverneur von Antwerpen in Belgien tätig. Das Beiratsmitglied Prof. Gürich habe sich kurz vor Ausbruch des Krieges nach Deutsch-Ostafrika begeben, um den von Dr. Reck in Berlin in den Tuffschichten der Olduwai-Schlucht entdeckten interessanten prähistorischen Funden weiter nachzuspüren. Von ihm fehle bisher jede Nachricht. Auch andere von Hamburg ausgehende Forschungsreisen hätten unter dem Ausbruch des Krieges zu leiden gehabt, so sei die des Mitgliedes Dr. Bruno Schulz, Hilfsarbeiter an der Deutschen Seewarte, der auf dem Vermessungsschiff Möwe in der Südsee, speziell bei den Palau-Inseln ozeanographische Untersuchungen vornehmen wollte, vereitelt worden, während Oskar Iden-Zeller, der auf der Taimyrhalbinsel für das hamburgische Museum für Völkerkunde sammelte, nach Irkutsk in Gefangenschaft gebracht worden sei. Resultatlos sei auch die sorgsam vorbereitete, von der hamburgischen Sternwarte unter Leitung von Prof. Schorr zur Beobachtung der diesjährigen Sonnenfinsternis nach der Krim gesandte Expedition verlaufen. — Große Empörung erregt in der Versammlung die Nachricht von der Gefangennahme des Ehrenmitgliedes Geheimrat Prof. Dr. Penck (Berlin). Als geladener Gast nahm dieser mit den goldenen Medaillen britischer geographischer Gesellschaften bedachte Gelehrte an der diesjährigen Tagung der British Association of Sciences in Australien teil; auf der Heimreise in Ägypten gefangen genommen, wird er zurzeit noch in London festgehalten.

Mit einem besonderen Hinweis bedenkt sodann der Vorsitzende einige neue Werke, die der Gesellschaft als Geschenke zugegangen sind. So liegt von Prof. Voeltzkow der erste Band eines wissenschaftlichen Berichtes über seine Forschungsreise 1903—1905 in Ostafrika und von Dr. Paul Hambruch, Mitglied der Südsee-Expedition der Hamburgischen Wissenschaftlichen Stiftung, der erste Halbband über die mikronesische Insel Nauru vor.[1])

Schließlich gibt der Vorsitzende bekannt, daß zwei unserer Mitglieder, die Herren Oberlehrer Dr. Paul Plettberg und Max Bing den Heldentod auf dem französischen Kriegsschauplatz gefunden haben. Die Versammlung erhebt sich zu ihren Ehren von den Sitzen.

Prof. Dr. Rathgen hält dann den angekündigten Vortrag:

Der Panamakanal, wirtschaftspolitische Studien auf Grund persönlicher Eindrücke 1914.

Wie 1870, kaum beachtet inmitten der Kriegswirren, der Durch-

---

[1]) Ergebnisse der Südsee-Expedition 1908—10, herausg. von Prof. G. Thilenius. Hambruch: Die Insel Nauru. 1. Halbband. 4⁰. 468 Seiten mit 108 Abbildungen im Text, 19 Lichtdrucktafeln und 1 Karte. 1914. Mk. 40.—. Hamburg, L. Friederichsen & Co.

schlag des ersten großen Alpentunnels, des Mont-Cenis-Tunnels, gelang, so ist jetzt, kurz nach dem Beginne des Weltkrieges, die Eröffnung eines neuen großen Verkehrsweges erfolgt, die unter anderen Umständen größte Teilnahme gefunden hätte, die des Panamakanals. Nicht von der technischen Beurteilung soll hier die Rede sein, noch davon, was an dem großen Werke rein geographisch bemerkenswert ist. Es sei nur hingewiesen darauf, daß vor der Eröffnung des Suez- und des Panamakanals eine wirtschaftlich bedeutungsvolle Umsegelung des Erdballes nicht existierte. Wie der Durchstich der Landenge von Suez das Mittelmeer der alten Welt aus einer Sackgasse zu einer Durchgangsstraße des Weltverkehrs machte, so bedeutet die Vollendung des Panamakanals das gleiche für das amerikanische Mittelmeer, die Karibische See mit dem Golf von Mexiko. Was den Redner zum Studium des weitschichtigen amtlichen und literarischen Materials über den Kanalbau und zu einem Besuch der Kanalzone im März 1914 veranlaßte, waren volkswirtschaftliche und politische Fragen.

Zunächst erinnerte der Redner an die äußeren Züge des großen Bauwerks, seinen Charakter als Schleusenkanal und den großen Stausee, der nach Lépinays genialem Vorschlag die heftig schwankenden Wassermassen des tropischen Stromes, des Chagres, der Speisung des Kanals nutzbar macht. Kurz wurden die zum Teil noch unvollendeten Hafenanlagen an den Enden des Kanals, die großen Schleusen geschildert und vor allem die Schwierigkeiten, die die Durchstechung der Wasserscheide mit ihren großen Rutschungen dem Werk bereitet hat. Für den Touristen wird ein Besuch des Kanals sehr viel dankbarer sein als der der anderen großen Seekanäle mit seinen schönen Bergformen, dem gespenstischen Eindruck des von weißlichem Dunst verschleierten tropischen Urwaldes und den im Stausee abgestorbenen Baumriesen, dem großen Stausee selbst mit seiner 400 Quadratkilometer großen Oberfläche, der alten Stadt Panama, wo allerdings die Amerikaner mit der alten Romantik von Schmutz und Trümmern, Spielhöllen und internationalem Gaunergesindel gründlich aufgeräumt haben.

Die politisch interessanteste Frage bei dem Kanalwerk ist: Wie war es möglich, daß ein so gewaltiges Unternehmen, für das 1575 Millionen Mark bewilligt und bis Ende Juni 1914 1400 Millionen ausgegeben sind, erfolgreich durchgeführt wurde? Die französische Gesellschaft war gescheitert, nicht an den technischen Schwierigkeiten (die Leistungen der französischen Ingenieure wurden von den Amerikanern durchaus anerkannt), sondern an solchen finanzieller und politischer Natur. Es konnte nur wiederaufgenommen werden als ein staatliches Unternehmen der nordamerikanischen Union. Es ist aber bekannt, daß in der Union selbst die Unternehmen der Staaten wie der Gemeinden fast durchweg aus politischen Gründen mit den schwersten Mißständen behaftet sind.

Der Redner zeigte an der Verwaltungsgeschichte des Kanalbaus, daß anfangs die politischen Schwierigkeiten außerordentlich waren. Man kam darüber erst weg, als Präsident Roosevelt im Widerspruch mit den demokratischen Prinzipien alle Macht am Kanal in einer Hand vereinigte und den Bau in die Hände von Offizieren gab. Erst seit das 1908 geschehen war, kam das große Werk wirklich vorwärts. Wie der Bau selbst, ist auch die ganze damit verbundene Verwaltungstätigkeit in der Kanalzone der Triumph des Militarismus, was der Redner im einzelnen darlegte. Über die wirtschaftlichen Wirkungen des Kanals heute schon Bestimmtes zu sagen, ist verfrüht. Die üblichen Vergleichungen der Entfernungen über Suez und über Panama sind kein genügender Maßstab. Viele andere Faktoren spielen mit, die Kosten der Kohlenversorgung, die Möglichkeit, unterwegs Ladung zu erhalten usw. Im ganzen wird der Wirkungskreis des Suezkanals wenig beeinträchtigt, die Wirkung auf die Westküste Amerikas bedeutend sein. Während des Krieges kann er durch die Störung des Verkehrs über Suez unerwartete Bedeutung erhalten, wie umgekehrt zunächst die Störung des Handels durch den Krieg die Benutzung des Kanals hemmt. Im September sind wöchentlich nur 9—14 Schiffe durch den Kanal gegangen.

Ganz klar ist aber die politische Wirkung. Die Vereinigten Staaten werden durch die Existenz ihres Kanals notwendig auf dem Wege weitergeführt, die Zugangsgebiete zum Kanal unter ihre Kontrolle zu bringen.

Zum Schluß macht Direktor Prof. Dr. Deneke auf Grund eingehender Studien eine längere Mitteilung über:

Die germanisch-romanische Sprachgrenze in Belgien und Nordfrankreich.[1]

Es wird zunächst zahlenmäßig der Anteil der verschiedenen Sprachen gegeben, wobei noch besonders zu bemerken ist, daß reinfranzösisch nur die Sprache einer wenig zahlreichen Oberschicht, der Regierung, der großen Zeitungen und eines Teiles der Bewohner Brüssels ist. Auch das Wallonisch-Französisch ist nicht in der Mehr-

[1] Vergl. Deneke, Sprachverhältnisse und Sprachgrenze in Belgien und Nordfrankreich, mit zwei Karten. 1915. Hamburg, L. Friederichsen & Co.

heit. 44,9 von Hundert sprechen es, gegen 54, die sich des Vlämischen als alltägliche Sprache bedienen. 1,1 von Hundert gleich 77 000 sprechen deutsch. Die Sprachgrenze und ihre Änderungen werden sodann an der Hand der Karte besprochen. Sie läuft im wesentlichen ostwestlich in der Breite von Maastricht durch Belgien. Die Provinz Lüttich ist fast ganz wallonisch, dagegen war früher die Nordostecke Frankreichs bei Dünkirchen-Calais-Boulogne vlämisch.

371. Sitzung. 3. Dezember 1914.

Vorsitzender: Senator Westphal.

Der Vorsitzende eröffnet die Sitzung mit einem Nachruf auf den am 6. November im 81. Lebensjahre verstorbenen Prof. Dr. Hermann Strebel in Hamburg, der sich vom einfachen Kaufmanns-Lehrling in einem langen, selten inhaltsreichen Leben zu einem Gelehrten und Forscher von Weltruf emporarbeitete und als Mann von Geist und Herz sich überall Achtung und Freunde gewann. — Über das Ehrenmitglied Prof. Dr. Penck-Berlin, der als Gast an der Tagung der British Association of Sciences teilnehmend, in England gefangen gesetzt worden ist, liegt eine Nachricht vor, nach der er sich wenigstens in London frei bewegen kann. — Von dem Direktor des Mineralogisch-Geologischen Instituts, Prof. Gürich, der kurz vor Kriegsausbruch Deutsch - Ostafrika zu einer geologischen Studienreise betrat, ist am 21. November ein erstes Lebenszeichen eingetroffen. Ein in Mozambique aufgegebenes Telegramm an seine Frau besagt, daß er sich wohl befindet, verschweigt aber seinen Aufenthaltsort.

Privatdozent Dr. L. Bergsträsser-Greifswald hält dann den angekündigten Vortrag:

Die politischen Probleme des südöstlichen Europa in ihrer geographischen und ethnographischen Bedingtheit.

Der Vortragende geht davon aus, daß es kein Zufall, sondern natürliche Folge der geographischen Bedingungen ist, wenn ein bestimmtes Ländergebiet wie Südosteuropa dauernd nicht zu gefestigten politischen Umständen kommen kann. Auf der Balkanhalbinsel liegt es einmal daran, daß die vielen, zum großen Teil noch kaum erforschten Gebirgszüge eine Reihe kleinerer Becken schaffen, die von einander abgeschlossen sind. Jedes einzelne ist aber wieder zu klein, um in ihm einen kraftvollen Staat entstehen zu lassen. So ergibt sich zunächst die Merkwürdigkeit, daß die Balkanhalbinsel nur von außen her einheitlich beherrscht werden kann und zwar von zwei

Punkten aus. Der eine ist Konstantinopel, das manches Jahrhundert ja auch die Hauptstadt Südosteuropas war. Eine glücklichere geographische Lage kann man sich kaum denken, denn zwei Hauptlinien politischer und wirtschaftlicher Natur schneiden sich dort. Die Verbindung von ganz Südrußland und dem Schwarzen Meer mit dem Mittelmeer trifft sich hier mit dem Übergang von Europa nach Asien. Sonst ist eine Beherrschung und eine Zusammenfassung zu einem einheitlichen Staat nur noch von der ungarischen Tiefebene her möglich, von wo aus gute Verkehrslinien südostwärts durch die Halbinsel ziehen.

Ferner haben sich in Südeuropa im Laufe langer Zeiten die verschiedensten Völker ineinander geschoben und festgesetzt, ohne daß aber bis zur Gegenwart eine Übereinstimmung zwischen ethnographischen und politischen Grenzen erreicht wurde. Diese Tatsache wird nach Besprechung der einzelnen Völker, die man am besten in slavische und nichtslavische teilt, besonders am Beispiel der Bulgaren und Rumänen erläutert. Die Bulgaren reichen gerade dort, wo sich ihnen leichte natürliche Zugänge zum Aegäischen Meer bieten, nicht bis ans Meer, und die ihnen schließlich zugefallenen Häfen sind ohne fremdes Gebiet zu berühren, nur über das Gebirge zu erreichen. Besondeıs das wichtige Maritzatal wird durch Adrianopel gesperrt, und das von ihnen eroberte Saloniki ist ihnen wieder entrissen worden. Andererseits sitzen viele Bulgaren auf serbischem Gebiet. Diese politische Zerteilung eines Volkes ist noch stärker bei den Rumänen. Nur rund 50 von Hundert der Rumänen wohnen im Königreich selbst. Ein großer Teil der bei den Volkszählungsmethoden Rußlands nur schwer schätzbar ist, sitzt in Bessarabien und Podolien, und in Ostungarn und Siebenbürgen bilden sie weitaus die Mehrheit. Andererseits wieder sind die gleichfalls nahe verwandten Serbokroaten nicht nur politisch, sondern auch konfessionell geschieden. Auch denken die Kroaten mehr an ein mit Österreich, ähnlich wie Ungarn, vereintes Großkroatien, von dem die Serben natürlich nichts wissen wollen.

So bekommt auch in dieser Beziehung Österreich ein Lebensinteresse an den Balkanfragen. Ferner tritt es durch die Frage der Beherrschung des Adriatischen Meeres an der engsten Stelle, der albanischen Frage, in einen Gegensatz zu Italien. Aber auch die anderen Großmächte haben, wie der Redner dann zum Schluß nachweist, einen mehr oder weniger großen Anteil an allen Auseinandersetzungen in Südosteuropa zu nehmen. Und zwar decken sich dabei die Interessen der in Betracht kommenden einzelnen Mächte, auch der jetzt feindlichen, zum Teil, während sie in anderer Beziehung wieder gegensätzlich sind.

372. Sitzung. 7. Januar 1915.

Vorsitzender: Senator Westphal.

Der Vorsitzende teilt mit, daß das Ehrenmitglied Geheimrat Prof. Dr. Penck aus der Gefangenschaft in London entlassen und nach Berlin zurückgekehrt ist. — Von unserem Beiratsmitgliede Prof. Gürich, der sich bekanntlich kurz vor Ausbruch des Krieges zu Studienzwecken nach Deutsch-Ostafrika begeben, ist über Christiania Nachricht eingetroffen, daß er sich wohl und am Bord eines portugiesischen Dampfschiffes befindet, der ihn unter normalen Verhältnissen Ende Januar nach Lissabon bringen wird.

Herr Prof. Dr. Max Friederichsen aus Greifswald hält sodann den angekündigten Vortrag über:

Rußlands europäisch-asiatische Grenzländer, ihre geographische Eigenart und ihre Bedeutung für den Weltkrieg.

Die Ausführungen gründen sich auf eigene Erfahrungen auf zwei Reisen (1897 und 1902) im europäischen und asiatischen Rußland, sowie auf eingehende Studien des literarischen Quellenmaterials und werden erläutert durch Vorführung einer Reihe von Bildern, Karten und Tabellen. Im ersten Teil des Vortrages zeigt der Redner, wie sich aus frühesten Anfängen einer russischen Staatenbildung in der Gegend um den Ilmensee und Kiew und später um Moskau durch allseitige territoriale Ausdehnung auf europäischem und asiatischem Gebiet das mächtige russische Reich entwickelte. Die Eigenart seiner heutigen Meeres- und Landgrenzen, die Größe des Reiches nach seinen Areal- und Anbauverhältnissen werden erörtert und darauf hingewiesen, wie gleichzeitig mit der politisch-territorialen Entwicklung zahlreiche Fremdvölker nichtslawischer Herkunft dem slawischen Kerngebiet angegliedert wurden.

Im zweiten Teil der Ausführungen werden ausgewählte Randgebiete einer physisch-kulturgeographischen, sowie einer politisch-militärgeographischen Einzelbetrachtung unterzogen.

a) Finnland. Das Gebiet stellt einen Teil des sogenannten „Baltischen Schildes“ dar und ist in seinen heutigen Oberflächenformen vor allem durch die Eiszeit bedingt. Auf diese Periode gehen die zahlreichen Seen, die stromschnellenreichen Flüsse, die charakteristischen Schärenküsten zurück. 57 Prozent des Landes sind waldbedeckt und 80 Prozent der Bevölkerung mit Wald- und Landwirtschaft beschäftigt. Von den 3 Millionen Bewohnern sind 96,7 Prozent Finnen, 13 Prozent Skandinavier und nur 0,2 Prozent Russen. Politisch interessiert hier die „Finnische Frage", die seit 1809 (Angliederung Finnlands als autonomes Großfürstentum an das russische Zarenreich) die Bevölkerung erregt und vor allem durch die Wehrmachtspolitik Rußlands in den letzten Jahrzehnten verschärft wurde. Militärgeographisch interessiert das Land als Brücke zur Skandinavischen Halbinsel hinüber und als offenbar von Rußland bei seinem Vordringen an das offene Weltmeer ernstlich ins Auge gefaßtes Durchgangsgebiet (Bahnbauten im Lande und nahe der schwedischen Grenze, beabsichtigter Vorstoß gegen den Hafen Narvik, Durchbrechung der skandinavischen Neutralität, Malmöer Königskonferenz).

b) Polen. Auch hier sind die Oberflächenformen des Landes vor allem durch die Eiszeit bedingt. Im einzelnen freilich ergeben die Verschiedenheit des geologischen Untergrundes die Möglichkeit einer Gliederung in vier Abschnitte: 1. Gouvernement Suwalki, eine direkte Fortsetzung der ostpreußischen Seenplatte bis zum Njemen; 2. das nord- und mittelpolnische Tiefland, gelegen in der Verlängerung der Urstromtalgebiete des nördlichen Deutschland; 3. das südöstliche Polen, eine 200—300 Meter hohe Plateaulandschaft aus horizontal gelagerten Kreideschichten; 4. das südwestliche Polen, eine in der Lysa Gora über 600 Meter aufsteigende Hügellandschaft mit gefalteten älteren Schichtfolgen, deren höchste Partien in der Eiszeit unvergletschert geblieben waren. Dem bodenbedingten Landbau fügt sich heute die Industrie an und macht das Gebiet zu einem halbindustriellen mit einer Bevölkerung von 12,7 Millionen Menschen, darunter 72 Prozent Polen (= 9 Millionen), 14 Prozent Juden (= 1,7 Millionen), 7 Prozent Russen (= 900 000).

Politisch-geographisch handelt es sich auch hier um ein Nationalitätenproblem: die uralte Polenfrage; militärisch-geographisch um ein Gebiet, das als „vorderes Kriegstheater" von den Russen bezeichnet wird. Seine eigentümlich gegen Westen vorstrebende Zwischenlage und seine offenen Grenzen gegen Deutschland haben zu einer Anlage von Festungen erst weiter im Innern, an der Njemen-, Bobr-, Narew- und Weichsel-Linie geführt. Zu diesen befestigten Positionen führen aus dem Osten des europäischen und asiatischen Rußlands zahlreiche Bahnlinien heran.

c) Die Ukraine (Grenzmark). Das Gebiet dehnt sich vom galizischen Karpathenfuß durch das ganze südliche Rußland bis zum Fuß des Kaukasus und stellt in seinem Areal ein Gebiet von 850 000 qkm dar. Aufgebaut aus abgetragenen alten Schichtfolgen und horizontal gelagerten mesozoischen Sedimenten bildet es ein weithin 200—300 m hoch gelegenes Plateau, welches zum Schwarzen Meer steil abstürzt. Die Flüsse haben teils enge Talschluchten, teils weite Strombecken (Dnjepr und Don) geschaffen. Im nördlichen Teil des Gebietes zieht die Schwarzerde-Region als ein breites Band über das Land. Südlich schließt das Steppengebiet an und in der Krim treffen wir auf mediterrane Gartenkultur. Das ganze Gebiet stellt die reichste Landschaft des osteuropäischen Flachlandes dar, umsomehr als das wichtige Donez-Kohlenbecken in sein Bereich fällt. Fünf Sechstel der Zuckerrübenproduktion, ein Drittel des Viehbestandes, ein Drittel der gesamten Getreideanbaufläche Rußlands finden wir hier. 60 Prozent des Eisens, 80 Prozent der Kohle und über 50 Prozent des Salzes, welches in Rußland gewonnen wird, ist ukrainischer Herkunft.

Die Bedeutung dieses wirtschaftlich für Groß-Rußland wichtigsten Gebietes wird gesteigert durch die dichte Bevölkerung von rund 30 Millionen Klein-Russen. Letztere werden als selbständige Nation von den Groß-Russen nicht anerkannt und sind seit Jahrzehnten trotz eigener Sprache, eigener Geschichte, eigener Kultur und Rasseeigentümlichkeiten systematisch von dem herrschenden Groß-Russentum unterdrückt worden. Um so bedeutungsvoller ist das Wiederaufleben nationaler Bestrebungen in der Ukraine (Ukrainophilen) seit den Revolutionsjahren 1904/05 und die intensive politische Regsamkeit, welche von dem geistigen Zentrum der Ukraine-Bewegung (Lemberg in Galizien) ausgeht. Das Ziel der Ukrainophilen ist die Errichtung einer autonomen Ukraine, und die Gefahr für Rußland besteht in der Absplitterung seiner wirtschaftlich wertvollsten, von einer zahlreichen slawischen Bevölkerung besiedelten südlichen Grenzmark.

d) Armenien und die Kaukasusländer. Das Gebiet gehört politisch drei Mächten: Rußland, Persien und der Türkei und liegt an der Stelle, an welcher sich die pontisch-taurischen Gebirgszüge Kleinasiens zu vereinigen suchen mit den iranisch-persischen Gebirgsketten in der Fortsetzung des Elburs- und des Zagrosgebirges. In geologischer Vorzeit ist diese Scharungsstelle der zueinanderstrebenden Gebirgsketten niedergebrochen und von vulkanischen Ergußmassen überdeckt worden. So entstand das vulkanische Hochland Armeniens, dessen einzelne morphologische Bestandteile folgende sind: a) reich gegliederte, vielfach dicht bewaldete und gut befeuchtete Randketten, b) trockene 2000—3000 Meter hoch gelegene steppenhafte Hochflächen, c) bis zu 4000 und 5000 Meter darüber aufragende vulkanische Berge, d) eingelagerte Seenbecken (Göktschai 1900 Meter, Wansee 1700 Meter, Urmiasee 1280 Meter), e) weite Stromniederungen (Araxes- und Kura-Niederung) oder enge Schluchttäler. 90 Prozent der Bevölkerung dieses Landes betreiben Ackerbau und durch künstliche Berieselung ermöglichten Gartenbau. Um Kedabeg und Baku hat sich eine an die dortigen Bodenschätze (Kupfer und Erdöl) geknüpfte Industrie entwickeln können. Das vorherrschende Bevölkerungselement, etwa 4 Millionen, sind die Armenier, die zur asiatischen Gruppe der indogermanischen Völkerfamilie gehören und seit dem 3. Jahrhundert n. Chr. Christen sind. Ihnen stehen als nomadisierende Mohammedaner die Kurden (1—2 Millionen) feindlich gegenüber. Desgleichen die mohammedanischen Tataren (60 Prozent der Bevölkerung in Baku und Elisawetpol). Eine weitere Völkergruppe, außerhalb der eigentlichen Armenier, welche aber politisch-geographisch im Augenblick mit in Frage kommt, sind die südlich des Kaukasus wohnenden christlichen Kartwelier und die am Nordabhang des gleichen Gebirges ansässigen Tscherkessen und Lesghier.

So ergeben sich auch in diesen Grenzgebieten als Folgen der am Anfang des Vortrages erwähnten Expansionsbestrebungen und des russischen Reiches zahlreiche Bevölkerungsprobleme. Wir haben hier in der südlichen Grenzmark eine Armenierfrage, eine georgische Frage und eine türkisch-mohammedanische Frage, deren Lösung schwierig ist und in diesen Kriegszeiten von den betreffenden Nationalitäten erstrebt wird. Besonders wichtig erscheint die Armenierfrage mit dem Ziel der Errichtung eines autonomen Armeniens, etwa unter einem türkischen Generalgouverneur. Gelingt dieses, so würde England der Weg von Ägypten nach Indien und Rußland die weitere Ausdehnung in Persien erschwert oder unmöglich gemacht werden.

Als Kriegsschauplatz ist dieses unwirtliche, winterlich kalte Land ein schwieriges Operationsfeld. Die Russen sind mit Bahnbauten bis an zwei Punkte ihrer Grenze (Sarykamisch und Dschulfa) vorgedrungen. Gegen diese Punkte richtet sich der jetzige Aufmarsch der erfolgreich vordringenden Türken, der sie bereits vor die Tore der Festung Kars und in den Besitz von Ardahan gebracht hat.

Diese vom Redner angestellten Betrachtungen ausgewählter Grenzgebiete des russischen Reiches führten zu dem Ergebnis, daß für das russische Reich die nationalen Probleme seiner Grenzmarken infolge des geschichtlichen Werdegangs von ausschlaggebender Bedeutung geworden sind. Auch im gegenwärtigen Kriege handelt es sich für Rußland um die Frage: wird das Reich ein zentralisierter Nationalstaat oder ein dezentralisierter Nationalitätenstaat werden. Dieses schwierige Problem ist durch den frevelhaft heraufgeführten Weltkrieg zu einer Zeit angeschnitten worden, in welcher das russische Volk eine friedliche Weiterentwicklung der seit den Revolutionsjahren 1904/05 mit so viel Erfolg begonnenen Reformen dringend nötig gehabt hätte. Zu warnen ist vor der Hoffnung, daß die Nationalitätenprobleme schon jetzt für uns zu einer schnellen Besserung der Kriegslage führen könnten. Immerhin ist mancherlei Erleichterung durch ein plötzliches Aufflammen nationaler Bewegungen in den russischen Grenzmarken möglich.

373. Sitzung. 4. Februar 1915.

Vorsitzender: Senator W e s t p h a l.

Die Jahresabrechnung für 1914 (siehe am Schlusse der Sitzungsberichte) diesmal in Vertretung des als Zivilgouverneur in Antwerpen weilenden Kassenwartes, des Herrn Senator Strandes, von Herrn Dr. L. Friederichsen aufgemacht und von Herrn Kommerzienrat Stoltz revidiert, wird satzungsgemäß erstattet. Sie ergibt einen Bestand von 675 ordentlichen Mitgliedern gegenüber dem vorjährigen Bestand von 747. Dreißig Mitglieder sind durch den Tod ausgeschieden.

In Veranlassung der ständigen Abwesenheit von 3 Vorstandsmitgliedern (Senator Strandes, Prof. Passarge und Prof. Schlee), die Kriegsdienste leisten und infolgedessen sich nicht über die Neubesetzung der Vorstandsämter im Vorstande haben äußern können, schlägt der Vorsitzende vor, die satzungsgemäß in der nächsten Sitzung vorzunehmende Neuwahl des Vorstandes und Beirats auf die März-Sitzung des Jahres 1916 zu verschieben. Der Vorschlag wird angenommen.

Alsdann teilt der Vorsitzende mit, daß unser Beiratsmitglied Prof. Gürich, dessen Wohlbefinden vor 4 Wochen auf Grund eines Telegramms aus Mozambique berichtet werden konnte, an Bord eines portugiesischen Dampfschiffes in Kapstadt angekommen, dort aber von Bord geholt und nach Pietermaritzburg in Gefangenschaft gebracht worden ist.

Darauf hält der Privatdozent Dr. H a n s S p e t h m a n n-Berlin an der Hand von Lichtbildern einen Vortrag

über den Kanal und die englische Ostküste.

Es gilt, mit besonderer Rücksicht auf die gegenwärtigen kriegerischen Verwicklungen ein geographisches Bild von dem Kanal und der Ostküste Großbritanniens zu entwerfen. Als Angelpunkt des ganzen Weltkrieges kann man den Kanal bezeichnen. Fast durchgehend finden sich Steilküsten, wenn man von Dungeneß-Vorland absieht. Sie sind der ständigen Arbeit des Meeres ausgesetzt und erfahren durch die oft gewaltige Brandung nicht nur im Verlaufe langer Zeiten, sondern vielfach schnell große Umformung. Dort wo besonders im westlichen Teil Granitküste ist, tritt Klippen- und Felsenbildung ein. Eine weitere Schwierigkeit für die Schiffahrt entsteht noch durch die hohen Unterschiede zwischen Ebbe und Flut, die bis über 10 Meter erreichen und dadurch leicht zur Flutzeit eine falsche Küste vortäuschen. Bei der Kreideküste dagegen, die besonders zwischen Dover und der Insel Wight das Meer begrenzt, ist wohl ein flacher Strand geschaffen, der aber vom Lande her meist sehr schwer zu erreichen ist, da die Abbrüche wandartig sind und auch noch durch Abkippen von Schollen, die im großen Ausmaße losbrechen, weitere Schwierigkeiten entstehen. Bei Dover fand zuletzt in der Silvesternacht 1912 ein sehr großer Rutsch statt. Wo bleibt nun das durch die Zerstörung geschaffene Material? Sandstrande sind selten und dann tonig und feucht. Meist wird das Material zu großen Geröllstranden umgelagert. Gleichfalls sind Aufwehungen von Dünenlandschaften und Bildung von Marschlandschaften durch Aufschlickung selten, letztere z. B. nur am Wash-Busen und dann südlich von Yarmouth.

Ausführungen über das Klima, besonders die Winde und die milden Wintertemperaturen, und die dadurch bedingte Vegetation, leiten dann über zur wirtschaftlichen Betrachtung der Küste. Ihre Ausnutzung zu Bädern ist intensiv, aber es ergeben sich aus obigem für Badezwecke doch trotz der landschaftlichen Schönheit große Nachteile gegenüber den deutschen Seebädern.

Dagegen ist der Vorteil, den die Küste durch die zahlreich vorhandenen Buchten bietet, für die Schiffahrt sehr groß. Diese ermöglichen die Anlage von Häfen jeder Größenordnung. Soweit es sich um Kriegshäfen handelt, liegen sie zum Teil in Buchten, wie Plymouth, oder am Eingang von Fahrwassern wie Portsmouth, zum Teil sind sie aber ganz künstlich geschaffen wie Portland und Dover. Aus Dover werden in den letzten Jahren die Handelsschiffe immer mehr verdrängt, um es ganz der Flotte zu reservieren. Natürlich geschieht es wegen der Lage an der den Kanal beherrschenden engsten Stelle. Die Handelshäfen schmiegen sich dagegen durchgehends den Meeresbuchten an, wie Newcastle und Grimsby und im Princip auch London. Eine Fahrt themseaufwärts von Sheerneß durch die Dockanlagen bis zum Parlamentsgebäude beschließt die Ausführungen mit dem Wunsche, daß deutsche Kriegsschiffe demnächst den gleichen Weg nehmen möchten.

374. Sitzung. 4. März 1915.

Vorsitzender: Senator Westphal.

Herr Dr. Georg Buschan (Stettin) spricht über

Bosnien und die Herzegowina.

Der Vortragende hat seinerzeit die Reise dorthin zu ärztlichen und ethnographischen Studienzwecken unter Förderung durch die österreichische Regierung unternommen. Der Redner gibt zunächst einen kurzen Überblick über die geographischen und klimatischen Verhältnisse der beiden Länder, berührt ebenso kurz ihre an Ereignissen reiche Geschichte und schildert sodann die interessantesten Naturschönheiten sowie das Leben und Treiben der Bevölkerung. Er führt seine Zuhörer über Bosnisch-Brod am Ufer der Bosna entlang nach der alten Krönungsstadt Serajewo, wo er sie mit dem Getriebe auf dem Basar bekannt macht und flicht dann eine Schilderung des türkischen Familien- und Frauenlebens ein, in der besonders auf die vielfach unklaren und sogar falschen Anschauungen über das Haremsleben hingewiesen wird. Die österreichische Regierung, die seit der Okkupation für das Land viele wichtige Aufschließungsarbeit geleistet hat, versucht jetzt auch die Bevölkerung, die in Jahrhunderten der Kämpfe und Unterdrückung in Lethargie versunken, zu erziehen und zu heben. So werden die Bestrebungen besprochen, durch die die alte Teppichweberei als Hausindustrie wieder Einzug hält. Der Vortragende erzählt dann von seinem Besuche in der Sinan Tekia, dem Kloster, wo die heulenden und tanzenden Derwische ihre sonderbaren Gebetübungen vornehmen. Der Weg führt ihn weiter längs des Tales der Narenta, einer der schönsten Touristenstraßen der Welt, nach der Landeshauptstadt der Herzegowina Mostar, dessen Schönheiten durch Wort und Bild geschildert werden, und dann weiter nach der Bunaquelle, die als Naturwunder das Interesse der Naturforscher und die Phantasie des Volkes erregt hat. Noch eingehender läßt er sich über das sogenannte Karstphänomen, im besonderen die damit zusammenhängenden eigenartigen Erscheinungen am Utovo Blasto aus, wo infolge des Mißverhältnisses von Abfluß und Zufluß eines typischen Karstflusses es zu Niveauschwankungen bis zu 40 Meter kommt. Daher kommt es in der winterlichen Regenzeit zur Seenbildung, während im Frühjahr hier der Bauer seine Felder bestellt und dem fruchtbaren Boden sogar zwei Ernten abringt. Eine Reihe Bilder von mehr im Innern gelegenen, in kultureller wie landschaftlicher Hinsicht interessanten Punkten des Landes (Pocitelj, Karstwanderungen, Zitomisljie, Jayce mit den Plrivafällen, Banjaluka, Konjica) vervollständigen den Überblick des Redners von den beiden Ländern Bosnien und der Herzegowina.

Der zweite Teil des Vortrages wird der Bevölkerung gewidmet. Nach einer kurzen Schilderung ihrer Zusammensetzung und ihres physischen Verhaltens wird, immer unter Vorführung zahlreicher, zum Teil farbiger Lichtbilder, eine Darstellung der primitiven landwirtschaftlichen Methoden gegeben. Der Redner schildert weiter die große Liebe der Bevölkerung für den Tanz und die Musik und gibt zum Schluß einige Proben der tiefempfindenden Volkslyrik, die neben der hier und dort auch noch im Lande vertretenen Epik sich großer Beliebtheit erfreut. Eine größere Anzahl Volkstypenbilder, die wegen der farbigen Ausführung besonders schön die bunten Gewänder der Landbevölkerung zur Anschauung bringen, unterstützen diese Ausführungen.

Abrechnung 1913.

Einnahmen:

Staatssubvention für 1913		ℳ 5000.—	
Rückprämie der Gothaer Feuer-Versicherungsbank		„ 47.20	
Zinsen auf ℳ 11 000 Hamburger Staatsrente à $3^1/_2$% p. a.		„ 385.—	
Bankzinsen		„ 127.50	
Mitgliederbeiträge:			
747 Beiträge à ℳ 12	ℳ 8964.—		
9 Beiträge à ℳ 6.—	„ 54.—	„ 9018.—	
Teilnehmerkarten zum 40. Stiftungsfest		„ 1705.35	
			ℳ 16 282.70

Ausgaben:

I. Übergangsrechnung		ℳ 696.73[1]	
II. Drucksachen etc.			
Mitteilungen Bd. XXVII.			
Honorare	ℳ 343.75		
Autotypien, Photographien, Karten etc.	„ 1158.70		
Druckkosten und Umschläge	„ 1897.—		
Verpacken und Versandspesen	„ 292.10	ℳ 3 691.55	
III. Für die Monatssitzungen (Honorare für Vorträge)	ℳ 880.—		
Miete für den Sitzungssaal	„ 455.—		
Miete und Bedienung für den Lichtbilder-Apparat, Anfertigung von Diapositiven, Porti für Konvokationskarten und sonstige kleine Ausgaben für die Vorträge	„ 794.45	ℳ 2 129.45	
IV. Für die Bibliothek			
Neuangeschaffte Bücher	ℳ 167.75		
Abonnements auf Zeitschriften	„ 334.05		
Buchbinder-Arbeiten	„ 262.85	ℳ 764.65	
V. Verwaltung		„ 3 697.10	
Zu übertragen:		ℳ 10 979.48	

[1]) Die in „Ausgaben“ als Übergangsrechnung erscheinenden ℳ 696.73 schuldete die Geogr. Gesellschaft dem Kassenwart Ende 1912. In der Abrechnung für 1912 ist dieser Betrag in „Einnahmen“ aufgestellt, mußte dementsprechend in 1913 als Ausgabe wieder erscheinen.

		Übertrag:	M 10 979.48
VI. Extraordinaria:			
Dr. R. Lütgens für eine Studienreise nach Haiti	M	550.30	
Dr. E. Obst's Expedition nach Deutsch-Ostafrika, nachträglich	„	151.—	
Reisespesen für die Herren Prof. Schlee und Dr. H. Michow als Delegierte zum Internationalen Geographen-Kongreß in Rom	„	963.20	
Für das 40jährige Stiftungsfest	„	2325.89	M 3 990.39
Bank und Kassensaldo			M 1 312.83
			M 16 282.70

Vermögensbestand ult. 1913.

9 Stück $3^1/_2$% Hambg. Staatsrente M 11 000 zu M 85.20	M 9372.—	
Stückzinsen 5 Monate	„ 160.42	
	M 9532.42	
Bank- und Kassenbestand	„ 1312.83	
		M 10 845.25

Abrechnung 1914.

Einnahmen:

Bestand am 1. Januar 1914			M 1312.83	
Staatssubvention für 1914		M 5000.—		
Rückprämie der Gothaer Feuerversicherungsbank		„ 47.20		
Zinsen auf M 11 000 Hamb. Staatsrente a $3^1/_2$%		„ 385.—		
Bankzinsen		„ 130.79		
Mitgliederbeiträge:				
730 Beiträge à M 12	M 8760.—			
1 Beiträge à M 6	„ 6.—	8766.—		
			M 14 328.99	
				M 15 641.82

Ausgaben:

I. Drucksachen etc.

Mitteilungen Band XXVIII

Honorare	M 825.—	
Klischees, Karten etc.	„ 3224.40	
Druckkosten und Umschläge	„ 1700.47	
Verpacken und Versandspesen	„ 292.95	
		M 6 042.82

	Übertrag:	ℳ 6042.82
II. Für die Monatssitzungen:		
Honorare für Vorträge	ℳ 1100.—	
Miete für den Sitzungssaal	„ 455.—	
Miete und Bedienung für den Lichtbilder-Apparat	„ 105.—	
Anfertigung von Wandkarten für die Vorträge	„ 97.75	
Drucksachen und Porti für die Konvokationskarten	„ 504.11	
Diverse kleine Ausgaben	„ 56.05	ℳ 2317.91
III. Für die Bibliothek:		
Neuangeschaffte Bücher	ℳ 102.55	
Abonnements auf Zeitschriften	„ 345.35	
Buchbinder-Arbeiten	„ 361.35	ℳ 809.25
IV. Verwaltung		„ 3 708.93
V. Extraordinaria:		
Ehrungen	ℳ 30.—	
Beitrag zum Deutschen Geographentag 1914	„ 10.—	
Dr. Obst's Expedition nach Deutsch-Ostafrika, nachträglich	„ 72.—	
Beitrag für den Amerikanisten Kongreß 1914	„ 21.13	
Dr. Fritz Mager, Beihilfe zur Durchführung seiner geographischen Arbeiten über das Herzogtum Schleswig	„ 200.—	ℳ 333.13
Bank- und Kassensaldo am 31. XII. 1914		„ 2429.78
		ℳ 15 641.82

Vermögensbestand ult. 1914.

[illegible] Stück $3^1/_2$ % Hamb. Staatsrente ℳ 11 000 zu ℳ 85.20	ℳ 9372.—	
Stückzinsen 5 Monate	„ 160.42	
	ℳ 9532.42	
Bank- und Kassenbestand	„ 2429.78	
		ℳ 11 962.20

Vorstand

Präsident: Senator **Otto E. Westphal.**
Vice-Präsident: Dr. med. **W. Oehrens.**
Erster Schriftführer: Dr. **L. Friederichsen.**
Zweiter Schriftführer: Prof. Dr. **P. Schlee.**
Kassenwart: Senator **Justus Strandes.**
Prof. Dr. **S. Passarge.**
Dr. **Joh. Ad. Repsold.**

Beirat

Dr. **Max Albrecht.**
Prof. Dr. **G. Gürich.**
Dr. phil. **H. Michow.**
Prof. Dr. **G. Schott.**
Edmund J. A. Siemers.
Kommerzienrat **Herm. Stoltz.**
Geh. Regierungsrat Dr. **Fr. Stuhlmann.**
Prof. Dr. **G. Thilenius.**
Prof. Dr. **W. Wegehaupt.**
J. Witt.

Inhaber der Kirchenpauer-Medaille.

a. Goldene Medaille.

Bürgermeister Dr. **G. Kirchenpauer** (Hamburg), gestorben 3. März 1887.
Dr. med. **G. Adolf Fischer** (Barmen), gestorben 11. Nov. 1886.
Wirkl. Geheimer Rat Prof. Dr. **G. von Neumayer,** Exzellenz (Neustadt a. d. Haardt), gestorben 25. Mai 1909.
Dr. phil. **L. Friederichsen** (Hamburg), seit 6. März 1898.
Dr. phil. **Sven von Hedin** (Stockholm), seit 12. Februar 1903.

b. Silberne Medaille.

Geh. Regierungsrat Dr. **Franz Stuhlmann** (Hamburg), seit 7. März 1895.
Prof. Dr. **Wilhelm Sievers** (Gießen), seit 6. März 1898.
Prof. Dr. **Fr. Fülleborn** (Hamburg), seit 5. März 1908.

Mitglieder-Verzeichnis am 1. Januar 1915.

I. Ehrenmitglieder.

Amundsen, Roald, Kapitän, Kristiania	seit	5.	März	1908.
Drygalski, Erich von, Prof. Dr., München	seit	5.	März	1908.
Hellmann, Gustav, Geg. Regierungsrat Prof. Dr., Berlin	seit	5.	März	1908.
Meyer, Hans, Geheimer Hofrat Prof. Dr., Leipzig	seit	11.	April	1901.
Nansen, Fridtjof, Prof. Dr. phil., Kristiania	seit	3.	Dez.	1896.
Palander, L., Marineminister, Stockholm	seit	5.	Juni	1880.
von Payer, Jul., Dr. phil., Wien	seit	4.	März	1875.
Penck, A., Geh. Regierungsrat Prof. Dr., Berlin	seit	5.	März	1908.
Schweinfurth, G., Prof. Dr. phil., Berlin	seit	4.	Febr.	1875.
Supan, Alexander, Geh. Regierungsrat Prof. Dr. phil., Breslau	seit	6.	März	1898.
Wagner, Hermann, Geh. Regierungsrat Prof. Dr. phil., Göttingen	seit	6.	März	1898.
von Wilczek, Hans, Graf, Exz. K. K. Wirkl. Geheimrat, Wien	seit	4.	März	1875.

II. Korrespondierende Mitglieder.

Basedow, Herbert, Dr., Adelaide	seit	3.	März	1910.
Cora, Guido, Prof., Rom	seit	6.	Dez.	1894.
Debes, E., Prof. Dr., Leipzig	seit	1.	Mai	1886.
Friederichsen, Max, Prof. Dr., Greifswald	seit	5.	März	1908.
von Hesse-Wartegg, Ernst, Geh. Hofrat, Tribschen-Luzern	seit	4.	Dez.	1879.
Philippson, Alfred, Prof. Dr., Bonn	seit	5.	März	1908.
Sapper, Karl, Prof. Dr., Straßburg i. Els.	seit	5.	März	1908.
Tippenhauer, L. G., Ingenieur, Port au Prince (Haiti)	seit	2.	Okt.	1913.
Wegener, Georg, Prof. Dr., Berlin	seit	5.	März	1908.

III. Ordentliche Mitglieder.

Abegg, Fr.
Abt, Leopold.
Adam, Jul., Dr. med.
Ahlburg, Schulrat Dr.
Albrecht, Ernst, Dr. phil.
Albrecht, Max, Dr. phil.
Alsberg, A., Dr. med., Oberarzt
Aly, G. J., Pastor.
Aly, Paul, Dr. med.
Amsinck, M. G.

Andersen, C., Schiffsreeder.
Apel, Gustav.
Arndt, Oskar.
Arning, E., Dr. med.
Aufschläger, C. A. M., Dr.
Augustin, Karl.
Aust, Albert.

Bachrach, Friedrich.
Ballin, Alb., Dr. ing., h. c., Generaldirektor d. Hamburg-Amerika-Linie
Bargebuhr, Arnold, Dr. med.
Barmm, Rud., Rektor.
Bartels, Ed., Dr. jur., Oberlandesgerichtsrat.
Bartels, Walter.
Barthmann, Rob.
Basedow, von, Oberstleutnant z. D. Altona.
Bauer, Max.
Becker, Wilh., Dr.
Beckmann, John.
Behm, C., Kontreadmiral, Direktor der Seewarte.
Behn, Ernst., Dr.
Behrend, Paul, Dr. phil.
Beith, M.
Bendixen, Fr., Dr., Bankdirektor.
Benecke, Otto, Dr. med.
Beneke, Hermann.
Bennholdt-Thomsen, C. G.
Benzian, R., Dr.
Berendt, Max, Ingenieur.
Berghaus, Friedrich.
Berghaus, Herm.
Bergl, Louis.
Berkemeyer, Oswald.
Bertram, P., Dr.
Beselin, Otto, Dr. med.
Beselin, Richard V.
Beukemann, Wilh., Dr. phil., Direktor d. Stat. Bur. d. Steuer-Deputation.
Bieber, Arthur, Dr.
Bieber, Franz Voguell.
Bieber, Theodor.
Biema, von, Dr. med.
Biermann, Carl.
Bierschenk, Wilh.

Binzer, A. Freiherr von, Major, Altona
Birgfeld, C. F. W.
Birtner, F. W.
Bitter, Wilhelm, Dr. jur.
Blohm, G., Dr. jur.
Blohm, Hermann, Dr. ing..h.c.
Bluhm, Eduard.
Blum, Adolf.
Böcker, Georg.
Böcker, Walter.
Bödiker, Carl, Kommerzienrat.
Boerner, H.
Bötzow, F. G. C., Oberregierungsrat Dr., Ständiger Hülfsarbeiter des Senats.
Bohne, Albert, Dr. med.
Bolau, Heinr., Dr. phil.
Boldemann, Franz
Boldemann, Hermann.
Bolte, Friedrich, Prof. Dr., Direktor der Navigationsschule.
Boltz, Bernhard H.
Booth, Oskar.
Borchardt, Sigm.
Bose, C. von.
Botsch, Ernst.
Botsch, G. L.
Brach, Rud., Direktor Dr.
Bramslöw, F. C., Direktor.
Brandt, Dr. med., Belzig.
Brauss, Hermann.
Brennecke, W., Dr. phil.
Brettschneider, H. P. E.
Breyer, Joh. Eduard.
Breymann, Wm. H.
Brock, Gustav.
Brons, Claas W.
Brügmann, Otto.
Brütt, H.
Brütt, M. D., Schulrat, Prof. Dr.
Brunckhorst, Alexander.
Brunn, M. von, Professor Dr.
Buchmann, E. A.
Budde, Claus.
Bultmann, Louis.
Bunzel, Carl.
Burmeister, Eduard.
Byhan, A., Dr. phil.

Calmon, Alfred.
Claßen, Max.
Cohen, Alfred.
Cohen, Arthur.
Cohn, Carl.
Cohn, Max L.
Cohn, Richard.
Colpe, Julius.
Conradi, Joh. N. V.
Cordts, Cäsar H.
Crasemann, Alfred.
Crasemann, Hans.
Crasemann, Max, Dr. jur.
Crasemann, Rudolf.

Dannenberg, Hermann.
Dannmeyer, F. Dr., Oberlehrer.
Daues, W., Oberlehrer.
Dehn, Otto, Dr. jur., Rechtsanwalt.
Dejonge, Alfred.
Dellschaft, Hermann.
Deneke, Th., Prof. Dr. med., Direktor.
Dethleffsen, Joh.
Deurer, W., Konsul.
Diederichsen, Gustav.
Diercke, Paul.
Diersche, M., Prof. Dr.
Dietrich, Julius.
Döbler, E. W.
Döhner, F. A.
Dörmer, L., Oberlehrer Dr.
Donner, K. Th., Dr. jur.
Dorn, P.
Drews, Curt, Major z. D., Lübeck.
Duhn, C. Chr. von, Dr. jur.
Duncker, Arth., Direktor.
Duncker, H. A., Konsul.
Duncker, W. F.
Dykes, Geo.

Ebert, Oskar H.
Eckmann, Hugo.
Eichenberg, Paul.
Eichholz, Gustav.
Eichler, Wilh.
Eiffe, Adolf H.
Elkan, Herbert C.
Engel, Jul., Dr. Landgerichtspräsident.
Engelbrecht, Adolph.
Erbe, Max.
Ewald, Oskar von.

Falkenstein, Gustav.
Fellmer, Eduard.
Fick, Wilh.
Fischer, Reinhard.
Flemming, Paul, Dr. jur.
Fontheim, Iwan.
Förster, K., Oberlehrer, Prof. Dr.
Foppes, Alfred, Ingenieur.
Fränckel, Siegfried.
Frege, Arthur.
Frers, Aug., Dr.
Frese, Emil.
Freudenthal, Max.
Friedburg, Martin E.
Friederichsen, Ludw., Dr. phil.
Friederichsen, Richard, Verlagsbuchhändler.
Friedländer, Max.
Friedmann, Franz.
Friedrichs, H., Postdirektor.
Fritz, Rud.
Froede, Otto.
Fülleborn, Fr., Oberstabsarzt, Prof. Dr. med.

Gabe, Joh.
Galles, Gerrit.
Garrels, Johann Heinrich.
Gentzen, Kurt, Dr.
Gerson, Georg.
Gestefeld, A., Oberst.
Gevenich, Hubert.
Gibsone, Thom., Regierungsrat.
Giemsa, G.
Gisbert, F. J. de, Ingenieur.
Göpner, Carl, Direktor.
Goerlich, Rud.
Göttsche, Albert.
Goldschmidt, Edm.
Goldschmidt, Otto.
Goldschmidt, Max.
Goldstein, Michael.
Goos, Max, Dr. phil., Oberlehrer.
Gorden, Felix, Dr. Landrichter.

Gossler, Rudolf G.
Goverts, Ernst F., Dr. jur., Landgerichtsdirektor.
Grabner, A., Dr. phil., Oberlehrer.
Grallert, Emil, Konsul.
Grandefeld, K., Dr. phil.
Grau, Ottmar.
Griesing, Ed., Oberlehrer.
Grossmann, L., Prof. Dr.
Grote, C. G.
Grünig, Oberst z. D.
Gruner, C. G. W.
Gruner, Siegfried.
Gürich, G., Prof., Dr.
Güssefeld, Georg Wilh.
Güssefeld, Otto, Dr. phil.
Gulda, F.
Gumprecht, Arnold.

Hagen, K., Prof. Dr.
Hagenbeck, Heinr.
Hagenbeck, Lorenz.
Hahn, Heinr. J. E.
Hahn, R., Dr. med.
Halben, Herm., Dr.
Hallgarten, Albert N., Generalkonsul.
Hallier, Eduard, Dr. jur.
Hambruch, P., Dr.
Hammer, Dr., Oberlehrer, Altona.
Hans, W., Dr.
Hansen, Julius.
Hansing, Heinr.
Hansing, L. F.
Hansing, Otto H.
Hanssen, Alphons B.
Harder, Herm. J.
Harke, L. F. C., Dr. jur., Landgerichtsdirektor.
Harling, Gustav.
Harseim, F. Prof. Dr.
Hartmeyer, Herm., Dr.
Hass, Heinrich.
Hasselmann, Carl.
Hastedt, Paul.
Hauer, Albert.
Hausamann, Oscar, Dr.
Hauthal, R., Prof. Dr., Hildesheim.
Heidke, Paul, Dr. phil.
Heinemann, C. F. K., Lehrer.
Heinemann, Hermann.
Heinichen, Oberlandesgerichtsrat.
Heintze, Gustav H.
Held, H. A.
Heller, Isidore.
Henckel, P., Oberlehrer Dr.
Hendel, J., Dr.
Hennings, Paul, Dr. med., Reinbeck.
Herbig, Fritz, Dr. med.
Hering, Cuno.
Hermsen, Diedrich.
Hermsen, Theodor.
Hernsheim, Ed., Konsul.
Herrmann, Paul, Dr.
Herrmann, P. Julius.
Hertz, Richard.
Hertz, Rudolf, Dr. jur.
Herz, Albert, Dr. med.
Hesse, Alfred P.
Hesse, F. W. H.
Hesse, G. jr.
Hesse, Max.
Hesslein, Siegm., Dr.
Heye, F. C. Th., Geh. Kommerzienrat.
Heymann, Jul.
Heyne, Fritz.
Hinrichsen, Max, Landgerichtsdirektor, Dr.
Hirsekorn, W., Rechtsanwalt.
Höffler, Paul, Apotheker.
Höhnke, Friedr., Bergedorf.
Hoffmann jr., Georg.
Holm H. J.
Holthusen, Gottfried, Senator.
Holtzapfel, Richard, Dr.
Holtzendorff, A. von, Direktor.
Hoppe, Edm., Prof. Dr.
Hoppe, Hugo.
Horn, Erich, Dr.
Hübbe, J. J., Direktor.
Hübbe, P. G.
Hüttenheim, Paul Rob.

Iselstöger, Georg, Sekretär des k. k. Österr.-Ungar. Generalkonsulats.
Ivens, Hans, Dr. phil.

Jacobi, Alban.
Jacobi, C., Direktor.
Jacobs, Cornelius.
Jacobsen, Max, Direktor.
Jacobsen, Aug.
Jantzen, C. F. W.
Jensen, Emil.
Jösting, Wilh.
Johns, H. E.
Jonassohn, Otto.
Jordan, Julius.
Jowien, W. E. F.
Jürgens, R. Garteningenieur.
Juhl, Ernst..

Kaehne, K., Regierungsrat Dr.
Kaemmerer, A., Dr. jur.
Kaftal, Seweryn.
Kallmes, Siegfried.
Kannengießer, E., Oberlandesgerichtsrat.
Kanski, Geh. Postrat.
Kanzow, Rudolf.
Kaphengst, Dr.
Kein, Woldemar, Realschullehrer.
Kelling, Karl.
Kiesselbach, W., Dr. jur., Rechtsanwalt
Kleinwort, Georg.
Klinge, Fritz.
Klingender, Generalmajor a. D., Gr. Flottbek.
Klußmann, Max, Prof. Dr.
Knobligk, Geh. Justizrat, Altona.
Knöhr, Oskar.
Knoth, M., Dr. med.
Koch, Richard von.
Koch, Sophus.
Kochen, Albrecht.
Kochen, Max.
Kölisch, Erich.
Königsberger, J.
Köppen, B., Baumeister.
Korn, K., Bankdirektor.
Kraepelin, Carl, Prof. Dr. phil.
Kraft, Ernst.
Kraft, Philipp, Dr. phil., Oberlehrer.
Krauss, Alfred.
Kretzscher, Paul, Oberlehrer.
Krille, F., Zahnarzt.
Kröger, Herm.
Kröhnke, B.
Krönig, Daniel, Senatssekretär, Dr. jur.
Krüger, Edgar, Dr.
Krüss, Hugo, Dr.
Kück, Roberto, Dr., Rechtsanwalt.
Kümmell, Herm., Geh. Sanitätsrat, Prof. Dr. med.
Künne, G., Pastor Dr.
Kunkel, Christian, Dr. med.

Lachmann, Ed.
Lachmann, Julius, Fabrikbesitzer.
Lau, Hans.
Lau, Hugo.
Lau, Sophus, Pastor em.
Lauer, Carl Ludwig.
Lavy, Charles.
Lazarus, Rudolf.
Leichhardt, Paul.
Leisewitz, Wilhelm.
Lentz, Henry.
Leppien, August.
Levy, Rudolf.
Levy, W.
Lewels, Oberlehrer, Dr.
Liebermann, Ernst.
Liebermann, Franz.
Liebrecht, Dr.
Linde, R., Prof. Dr., Oberlehrer.
Lindener, Arthur, Groß-Flottbeck.
Lippert, Ludwig, Dr.
Lipschütz, G.
Lohmann, H., Prof. Dr., Direktor des Naturhistor. Museums.
Löhmann, Aug., Altona.
Löwenadler, Otto.
Loewenstein, Ernst, Dr. jur., Amtsrichter.
Loewenthal, Eduard.
Loewenthal, Richard.
Lubcke, August.
Lubcke, Aug. Chr. A., Ottensen.
Lübbert, Hans, O., Fischereidirektor.
Lütgens, Rud., Dr., Oberlehrer.
Lutteroth, G. E. Ascan.
Luttropp, E.

Maack, Elert.
Magener, Ad., Oberlehrer Dr.
March, M.
Marcus, G.
Markiel, J., Dr. med.
Marschall, Hermann.
Marx, Jakob.
Massow, W. von, Berlin-Halensee.
Mauritz, Adolf.
Mayer, Heinr.
Mayer, Martin, Dr. med.
Mayr-Bertheau, Jul.
Melle, Werner von, Bürgermeister, Dr. jur.
Mengers, Adolf.
Merck, Ernest.
du Mesnil de Rochemont, Th., Dr. med. Altona.
Meurer, Kontreadmiral z. D., Altona
M y, A. Dr.
Meyer, Ernst, A., Baumeister.
Meyer, Franz Bernh.
Meyer, H. C. Eduard, Konsul.
Meyer, Herm., Dr. phil.
Meyer, Moritz, Dr. med.
Meyer, Siegmund, Dr. med.
Meyerhof, Moritz.
Michaelsen, W., Prof. Dr.
Michahelles, Alfred, Senator a. D.
Michow, Heinrich, Dr. phil.
Miehe, Otto G.
Mönckeberg, Rudolf, Dr. iur.
Mohr, Carl.
Moll, Eduard G.
Moller, U. Ph., Dr. jur., Präses der Vormundschaftsbehörde.
Möller, J. F.
Müller, Adolf, Diplom-Ingenieur.
Müller, Eduard.
Müller, Eduard, Dr.
Müller, Gustav.
Müller, Joh., Dr., Oberlehrer.
Münchmeyer, Herm.
Münzel, Prof. Dr., Direktor der Stadtbibliothek.
Mugdan, D., Generalkonsul.
Mutzenbecher, H. F. M.

Nagel, Carl.
Nathusius, Anton.
Neubauer, A.
Neumann, Direktor, Dr.
Newman, Henry P.
Niebour, Th., Dr. Navigationsschul-Direktor a. D.
Nielsen, H., Bergedorf.
Niemann, Friedrich, Hauptmann a. D.
Niemeyer, C. F.
Niemeyer, E.
Niemeyer, Gotthardt.
Nissen, Sönke, Oberingenieur.
Nocht, B., Prof. Dr. med., Obermedizinalrat.
Nölting, P. H.
Nordheim, Edmund.
Nordheim, Louis.
Nordheim, Robert.

Oberländer, Carl.
Obst, E., Dr. phil., Marburg a. d. Lahn.
Oehrens, W., Dr. med.
Oettinger, Ernst.
Ohlendorff, Hans, Freiherr von.
Ohlendorff, Heinr., Freiherr von.
Ollerich, Adolf.
Ollerich, H.
Olshausen, A., Dr. med.
Opitz, Paul, Kapitän.
Opper, Paul, Dr. med., Marinestabsarzt a. D.
O'Swald, William, Bürgermeister.
Otten, Georg.
Ottens, F.
Otto, Dr. med., Physikus.

Palmer, Otto, Dr. med.
Passarge, S., Prof. Dr., Wandsbek.
Patow, Otto.
Patow, Walter.
Pauly, C. August.
Perlewitz, P., Dr. phil.
Peter, Eduard.
Peters, Otto.
Peters, W. L. Dr.
Petersen, J., Dr.

Petersen, Rudolf, Bankdirektor.
Petzet, Theodor, Oberapotheker.
Pflaumbaum, G. Dir. Prof. Dr.
Pfeiffer, E., Prof. Dr. med., Physikus.
Philip, Ivan.
Philippi, W. A.
Pieper, Gustav, R., Seminarlehrer.
Pinckernelle, A. E.
Plambeck, Landrichter, Dr.
Plate, Georg, A.
v. Plato, Hauptmann, Altona.
Poelchau, Harald, Dr. jur.
Pohl, Freiherr von.
Polack, Oscar.
Polano, Hermann, Dr.
Polis, A., Kapitän.
Pontoppidan, Hendrik.
Poppenhusen, Fr. Ad.
Predöhl, Max, Dr. jur., Bürgermeister.
Prehm, Adolf L. W.
Prencke, Theodor.
Prochownik, L., Dr. med.
Puls, Ernst, Dr. phil.

Quelle, Otto, Dr. phil.

Rapp, Gottfried, Dr. jur., Landrichter.
Rathgen, C., Prof. Dr.
Rathjens, Carl, Dr. phil.
Rauers, Paul.
Raydt, Th.
Reche, Otto, Dr.
Redlich, C., Pastor.
Refardt, J. F. C., Senator.
Reimers, Otto.
Reinecke, Aug.
Repsold, Johann Adolf, Dr. phil.
Repsold, Oskar.
Repsold, Robert, Wandsbek.
Retzlaff, Max, Direktor.
Reuss, H., Pastor.
Richter, Bruno.
Richthofen, Heinr., Freiherr von,
Riedel, O., Direktor der Deutschen Handels- und Plantagen-Ges. der Südsee-Inseln.
Riedemann, W. A., Kommerzienrat.
Rigler, Fr., Dr. phil.
Ringel, Tom., Dr. med.
Robertson, H.
Robinow, Hermann.
Robinow, Paul M.
Robinow, Walter S.
Roeloffs, H. A., Syndikus a. D.
Roeper, Conrad E.
Röltgen, E., Dr., Rechtsanwalt.
Röpke, H.
Roosen, Eduard.
Roscher, H., Senator a. D.
Rosenberg, Felix.
Roß, Claus.
Rudorff, G. O. A. F., Oberlandesgerichtsrat.
Rüder, Walter, Oberarzt, Dr. med.
Ruperti, Oskar.
Rupprecht, Georg, Dr.

Sachse, Paul, Senator.
Sanders, Herm.
Sanders, Ludwig.
Sass, Karl, H.
Schaps, Georg, Dr. jur., Oberlandesgerichtsrat.
Scharpff, Th., Dr. med.
Schauche, Herm., Generalkonsul Dr.
Schede, Kurt.
Schede, Max.
Scheidemantel, E., Kgl. Forstmeister, Winsen a. d. Luhe.
Schinckel, Max.
Schläger, Max, Staatsanwalt Dr.
Schlee, P., Prof. Dr., Oberlehrer.
Schlinck, Julius, Dr.
Schlubach, Roderich.
Schlüter, Adolf J.
Schmid, Henry.
Schmidt, Franz, Architekt.
Schmitz, H., Dr. jur., Direktor.
Schnars-Alquist, Prof., Kunstmaler.
Schneider, G., Altona.
Schön, Alex., Dr. jur., Präsident der Bürgerschaft.
Schönfeld, Gustav.
Schorr, Rich., Prof., Dr., Direktor d. Sternwarte, Bergedorf.
Schott, Gerhard, Prof., Dr., Abtei-

lungsvorstand der Deutschen Seewarte.
Schrader, O. von, Dr.
Schramm, Ernst W.
Schramm, Max, Dr. jur., Senator.
Schröder, C. Aug., Dr. jur., Bürgermeister.
Schröder, Franz.
Schröder, Heinr., Dr., Landrichter.
Schröder, Martin H.
Schubotz, H. Dr.
Schück, A., Kapitän.
Schütt, Richard, Prof. Dr. phil.
Schultz, Arved von, Dr. phil.
Schultze, Adolf, Dr. jur., Landgerichtsdirektor.
Schultze, Edgar, Pastor.
Schulz, Bruno, Dr.
Schulz, Richard.
Schwabe, Wilh.
Schwarz, Leopold, Dr. jur., Oberlandesgerichtsrat.
Schwaßmann, A., Prof. Dr.
Segalla, Julius, Dr. jur., Rechtsanwalt.
Seyffarth, H., Pastor Dr.
Sibeth, Paul.
Sieben, F. C., Blankenese.
Siebert, Otto.
Siemers, Alfred, Dr.
Siemers, Edmund J. A.
Siemers, Kurt, Dr. jur.
Sieveking, Herm., Physikus, Dr.
Sieveking, W., Dr. med.
Sievers, Max, Dr. phil.
Sievers, W., Prof. Dr. phil., Gießen.
Sieverts, R. C.
Simon, George.
Sohst, Heinr. A.
Stauch, Carl.
Steffens, Franz S.
Steffens, Max.
Steffens, O., Dr. phil.
Steidtmann, P. O.
Steinhaus, O., Dr. phil.
Steinworth, R., Oberlehrer.
Stephan, E., Oberlehrer.
Sternenfels, Bernhard Freiherr von.
Sthamer, Richard, Dr.
Stoltenberg-Lerche, Axel, Dr. med.
Stoltz, Hermann, Kommerzienrat.
Stooß, Paul, Altona.
Storch, John, Dr. med.
Strack, Adolf L., Senator.
Strack, Hermann L.
Strandes, Justus, Senator.
Stratmann, W. Th.
Stucken, Fr.
Stück, Emil, Prof., Dr., Abteilungs-Vorstand der Deutschen Seewarte.
Stuebe, L. M. Chr.
Stümpel, Herm.
Stürken, Alfred.
Stuhlmann, Fr., Geh. Regierungsrat Dr.
Sydow, Kurt von, Bankdirektor.

Tams, E., Dr.
Techentin, Ernest, Sekretär.
Temme, Heinr.
Terfloth, Albert.
Thiel, Max, Direktor.
Thiemer, Otto.
Thilenius, Prof. Dr., Direktor des Museums für Völkerkunde.
Thomsen, Carlo.
Thorade., Oberlehrer Dr.
Tietgens, G. Alfred.
Tietgens, H. A.
Tietgens, Herm.
Tillmann, Ludwig.
Tödten, H., Dr. med.
Tollens, L. F.
Treplin, A. O., Rechtsanwalt.
Trommel, A.
Trübenbach, Otto.
Trummer, P. H., Wandsbek.

Ulex, H., Dr. phil.
Ullmann, Martin, Dr. phil.
Ullner, Karl.
Ulmer, E., Dr., Oberlehrer.
Umlauf, Karl, Prof. Dr., Bergedorf.
Umlauff, H.

Vathje, Herm.
Venzmer, B., Prof. Dr., Oberlehrer.

Versmann, Arnold.
Viereck, Henry Ludwig.
Voeckler, Walter.
Voelcker, Paul A. E.
Vogemann, H.
Voigt, Direktor, Prof. Dr.
Voigtländer, Felix, Prof. Dr.
Vorwerk, Adolf.
Vorwerk, Friedrich.
Voss, Aug., Dr. Rechtsanwalt.
Voß, Ernst, Marine-Ingenieur.
Vosseler, Jul., Prof., Dr., Direktor des Zoologischen Gartens.

Wagner, Hermann, Prof. Dr. phil., Realschul-Direktor a. D.
Warburg, Max M.
Weber, Eduard.
Weber, H. U., Oberlehrer Dr.
Weber, J. Henry.
Wedeles, Heinrich.
Wegehaupt, W., Prof., Dr., Gymnasial-Direktor a. D.
Wegener, Caesar.
Weil, Isidoro.
Wentzel, W. J., Dr. jur.
Wentzler, Adolf.
Werner, Max.
Westendarp, Max, Kommerzienrat.
Westphal, Alfred.
Westphal, Heinr. A.
Westphal, Otto E., Senator.
Westphalen, Th. L.
Wiedewaldt, Geh. Regierungsrat.
Wieler, Gustav.
Wiengreen, Friedr. J., Dr.
Wießner, K., Oberlehrer, Dr.
Wilhelmi, Heinr., Pastor.
Wilhelmi, Robert, Bergedorf.
Windmüller, P. S., Dr. med.
Winter, Ph.
Witt, J.
Woegens, S., Kapitän, Altona.
Wohlert, Johannes.
Wohlfarth, Friedrich, Oberlehrer.
Wolfers, Eduard.
Wolff, Herm., Direktor.
Wolffson, Otto, Dr. jur., Rechtsanwalt.
Wolter, Carl.
Wriedt, E. A., Altona.
Wulf, Heinrich.
Wysogorsky, Dr. phil.

Zander, Albert.
Zarniko, Dr. med.
Ziegenbein, F. H.

In dem Zeitraum vom 1. Januar 1913 bis 1. Januar 1915 hat die Gesellschaft folgende 31 Mitglieder durch den Tod verloren:

1. Bichel, C. E., Dr. ing. h. c.
2. Bing, Max.
3. Bollenhagen, Emil.
4. Cords, Julius.
5. Delfs, A.
6. Goßler, John von Berenberg.
7. Gültzow, Albert.
8. Hagenbeck, Carl, Kommerzienrat.
9. Hegemann, F., Kapitän.
10. Heidmann, R. W., Senator,
11. Hertz, G. Dr. jur., Senator.
12. Hündersen, A.
13. Köbcke, Carl.
14. Latschinow, Adrian von, K. Russischer Vizekonsul.
15. Lichtwark, Prof. Dr. phil., Direktor der Kunsthalle.
16. Löhmann, R., Oberlandesgerichts-Präsident.
17. Löwenstein, Simon.
18. Maegli, J., Konsul.
19. Magnus, Walter.
20. Neckelmann, Carlos.
21. Petersen, Joh., Dr. phil., Direktor des Waisenhauses.
22. Porten, von der, Dr. med.

23. Rettberg, P., Dr., Oberlehrer.
24. Röder, Dr., Oberlehrer.
25. Schlubach, Heinr., Adolf, Generalkonsul.
26. Semler, Johannes, Dr. jur., M. d. R., und M. d. B.
27. Stahmer, Friedr. Julius.
28. Stock, C. V.
29. Strebel, Hermann, Prof. Dr. phil.
30. Weil, Sigismundo.
31. Wolffson, Albert, Dr. jur., Rechtsanwalt.

Mitgliederbestand am 1. Januar 1915.

Ehrenmitglieder	12
Korrespondierende Mitglieder	9
Ordentliche Mitglieder	675
Gesamtsumme	**696**

FSC
www.fsc.org
MIX
Papier | Fördert gute Waldnutzung
FSC® C083411

Kolibri 360 GmbH
Ferdinand-Jühlke-Straße 7
99095 Erfurt, Deutschland
produktsicherheit@kolibri360.de